普通高等教育基础课系列教材

大学物理实验指导

主 编 闵 琦

副主编 朱加培 王翠梅 陈 艳

参 编 蒙 清 和万全 毕雄伟

　　　　王全彪 葛树萍

机 械 工 业 出 版 社

本书是闵琦主编机械工业出版社出版的《大学物理实验》的配套指导书，内容包括两章，即第 1 章力学实验指导和第 2 章电学实验指导，所涉及的实验与《大学物理实验》一致。其中，力学实验指导部分包含长度与体积的测量、质量与密度的测量、单摆的研究以及用拉伸法测定弹性模量 4 个实验；电学实验指导部分同样包含 4 个实验，分别是学习使用万用表、示波器的使用、电表的改装以及用惠斯通电桥测电阻。每一个实验除包含实验基本要求、实验指导和常见问题外，为规范实验报告，还提供了实验报告范例。

图书在版编目（CIP）数据

大学物理实验指导/闵琦主编. —北京：机械工业出版社，2022.12
（2024.8 重印）
　　普通高等教育基础课系列教材
　　ISBN 978-7-111-71856-7

Ⅰ.①大…　Ⅱ.①闵…　Ⅲ.①物理学-实验-高等学校-教学参考资料
Ⅳ.①O4-33

中国版本图书馆 CIP 数据核字（2022）第 195900 号

机械工业出版社（北京市百万庄大街 22 号　邮政编码 100037）
策划编辑：薛颖莹　　　　　　责任编辑：汤　嘉
责任校对：陈　越　王　延　封面设计：马精明
责任印制：常天培
北京机工印刷厂有限公司印刷
2024 年 8 月第 1 版第 2 次印刷
184mm×260mm · 5.25 印张 · 113 千字
标准书号：ISBN 978-7-111-71856-7
定价：18.50 元

电话服务　　　　　　　　　　网络服务
客服电话：010-88361066　　机　工　官　网：www.cmpbook.com
　　　　　010-88379833　　机　工　官　博：weibo.com/cmp1952
　　　　　010-68326294　　金　书　网：www.golden-book.com
封底无防伪标均为盗版　　机工教育服务网：www.cmpedu.com

《大学物理实验指导》教材编委会

主 任 委 员　闵　琦

副主任委员　朱加培　王翠梅　陈　艳

编　　　委　（按姓氏拼音排名）

毕雄伟　蔡　群　丁志美　葛树萍　和万全

蒙　清　田家金　王　玻　王全彪　王晟宇

王世恩　王小兵　杨瑞东　翟凤瑞　张宏伟

张黎黎　张青友

前 言

PREFACE

2019 年，我们出版了《大学物理实验》。该书的出版，结束了红河学院多年使用大学物理实验讲义的历史，让大学物理实验教学终于用上了正式出版的"本土化"教材。经过几年的使用，参与教学的师生们觉得如果能有一本与之配套的教学指导书，进一步明确每一个实验的基本要求、常见问题，尤其是能给出实验报告范例，学习效果会更好，由此，促成了本书即《大学物理实验指导》的编写和出版。

既然是配套教学指导书，《大学物理实验指导》与《大学物理实验》所涉及的实验内容和顺序完全相同。力学实验部分包含实验 1.1 长度与体积的测量、实验 1.2 质量与密度的测量、实验 1.3 单摆的研究以及实验 1.4 用拉伸法测定弹性模量 4 个实验；电学实验部分包含实验 2.1 学习使用万用表、实验 2.2 示波器的使用、实验 2.3 电表的改装以及实验 2.4 用惠斯通电桥测电阻 4 个实验。每一个实验除实验基本要求、实验指导和常见问题外，最后还给出了实验报告范例。

本书由闵琦教授担任主编，负责全书统稿和审定；朱加培副教授、王翠梅博士和陈艳老师担任副主编，负责内容的选择。参与编写的教师及其编写的内容为：蒙清高级实验师负责实验 1.1 长度与体积的测量和实验 1.4 用拉伸法测定弹性模量，和万全老师负责实验 1.2 质量与密度的测量，毕雄伟副教授负责实验 1.3 单摆的研究，王翠梅博士负责实验 2.1 学习使用万用表，王全彪副教授负责实验 2.2 示波器的使用，陈艳老师负责实验 2.3 电表的改装，葛树萍老师负责最后实验 2.4 用惠斯通电桥测电阻。

本书的出版得到了国家自然基金项目"变截面驻波管声学性质研究及其应用（11364017）""大振幅非线性纯净驻波场的获取及其声学特性的实验研究（11864010）"以及"电-声耦合效应对量子点体系中非经典态性质的影响（11404103）"的资助。同时，本书还得到了中国科学院天体结构与演化重点实验室开放课题"伽玛射线暴子类 XRF 和 XRR 的样本统计分析（No. OP201501）"、云南省高校联合基金面上项目"基于卫星观测的地磁暴期间中-高纬地区电离层不规则结构特征及其物理机制的研究（2019FH001（-64））"和红河学院校级项目"红河学院物理学校级建设学科"的资助。

限于作者水平，书中缺点和错误在所难免，恳请广大读者批评指正。

编　者

目录

CONTENTS

第 1 章　力　学　实　验　指　导

实验 1.1　长度与体积的测量

◀◀◀【实验基本要求】

1. 掌握游标卡尺的测量原理，学会游标卡尺的正确使用方法。
2. 掌握螺旋测微器的测量原理，学会螺旋测微器的正确使用方法。
3. 掌握读数显微镜的测量原理，学会读数显微镜的正确使用方法。
4. 练习多次等精度测量标准不确定度的估算方法和测量结果表示。

◀◀◀【实验指导】

1. 游标卡尺

游标卡尺又称游标尺。在使用游标卡尺进行测量前，先要了解游标卡尺的结构、测量原理、使用方法、需要测量的内容以及测量要求，根据测量要求选择合适的游标卡尺进行测量。测量时要同时保证操作正确和读数正确，才能保证测量的结果正确。使用过程中还要注意保护仪器，防止游标卡尺被损坏。

由于游标卡尺由尺身和可在尺身上滑动的游标组成，而游标又可分为 10 分度、20 分度、50 分度三种，且游标的分度不同，其对应的游标卡尺的最小分度值也不同，游标卡尺的测量精度也不同。测量精度有 0.1mm、0.05mm 和 0.02mm 三种。对于测量范围在 300mm 以内的游标卡尺，计量规程规定其示值误差限的绝对值 Δ 等于对应游标卡尺的分度值。

游标卡尺是一种能够提高长度测量精度的常用仪器，可用来测量物体的长度、深度和内、外直径，依据测量的内容不同，测量时的操作也略有不同，应该注意正确操作。使用结束后，应把游标卡尺按照拿出来时的样子原样放回盒子内收好。

实验室常见的游标卡尺如图 1.1-1 所示，其游标为 50 分度，测量精度为 0.02mm。测量时能估读到 0.02mm，其示值误差限的绝对值 $\Delta = 0.02$mm。

1

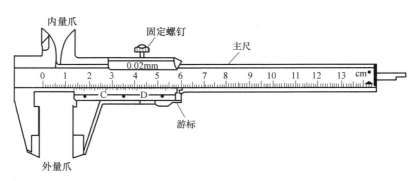

图 1.1-1　游标卡尺

2. 螺旋测微器

螺旋测微器又称千分尺。在使用螺旋测微器进行测量前，先要了解螺旋测微器的结构、测量原理、使用方法、需要测量的内容及测量要求，根据测量要求选择合适的螺旋测微器进行测量。测量时要同时保证操作正确和读数正确，这样才能保证测量的结果正确。使用过程中还要注意保护仪器，防止螺旋测微器被损坏。使用结束后，应把螺旋测微器按照拿出来时的样子原样放回盒子内收好。

实验室常见的螺旋测微器如图 1.1-2 所示，其量程为 $0 \sim 25 \mathrm{mm}$，测量精度为 $0.01 \mathrm{mm}$。测量时，可估读到 $0.001 \mathrm{mm}$，其示值误差限的绝对值 $\Delta = 0.004 \mathrm{mm}$。

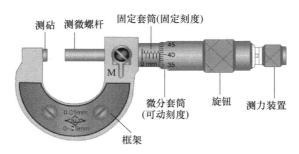

图 1.1-2　螺旋测微器

3. 读数显微镜

读数显微镜又称测量显微镜。由于读数显微镜是将测微螺旋（或游标）装置和显微镜组合而成的仪器，读数显微镜可精确测量不能用夹持量具（如螺旋测微器等）测量的微小长度，如毛细管内径、材料的形变长度和光栅常数等。在使用读数显微镜进行测量前，先要了解读数显微镜的结构、测量原理、使用方法、需要测量的内容及测量要求，根据测量要求选择合适的读数显微镜进行测量。测量时要同时保证操作正确和读数正确，才能保证测量的结果正确。使用过程中还要注意保护仪器，防止读数显微镜被损坏。它的测量精度与所用测微螺旋（或游标）相同，其示值误差限的绝对值 $\Delta_仪$ 与所用测微螺旋（或游标）精度相同。使用结束时，应把读数显微镜目镜的镜头盖盖上，显微镜的位置恢复到原位，把读数显微镜按照原来的样子收好。

实验室常见的读数显微镜如图 1.1-3 所示，它是将测微螺旋装置和显微镜组合而成的仪器，其鼓轮一周等分为 100 个分格，测量精度为 0.01mm。测量时，可估读到 0.001mm，其示值误差限的绝对值 $\Delta = 0.005$mm。

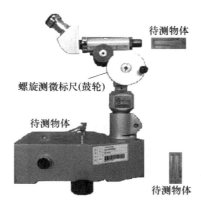

图 1.1-3　读数显微镜

◀◀◀ 【常见问题】

1. 使用游标卡尺时可能会出现的问题

（1）测量时，两量爪打开的宽度不够，把待测物体强行往两量爪中放，磨损量爪和待测物体。

（2）测量结束时，两量爪还没有打开，就把待测物体强行从两量爪中拿出，磨损量爪和待测物体。

（3）测量时，把待测物体放在两量爪中固定好以后，再把待测物体从固定好的两量爪中强行拿出，然后才读数，磨损量爪和待测物体，导致测量值也不准确。

（4）测量时，把长方体待测物放在两内量爪中进行测量，量爪没选对。

（5）测量时，把长方体待测物放在两外量爪中靠近尺身的位置进行测量，待测物体放置位置没选对。

（6）读数时，游标上的读数不对，游标卡尺的精度、游标上的刻度数、游标上的刻度数旁标注的数字三者不对应，导致最后的测量值不对。

（7）读数时，游标卡尺尺身上读数的单位与游标上读数的单位不对，导致最后的测量值不对。

（8）没有读出游标卡尺的零点读数，没有对测量值进行修正。

（9）读数时不会借助游标卡尺尺身与游标刻度旁标明的数字进行读数，导致读数时间太长，甚至读错。

（10）使用过程中由于操作不当，出现游标与尺身分离、游标与尺身之间的弹片掉出、固定螺钉掉出、刻度旁边划出很多划痕等情况，造成游标卡尺损坏，影响其正常使用。

（11）使用结束时，没有把游标卡尺按照拿出来时的样子原样放回盒子内收好。

2. 使用螺旋测微器时可能会出现的问题

（1）测量时，螺旋测微器的锁紧装置没有打开，处于锁紧状态，微分套筒与测微螺杆都难移动，此时如果硬要移动微分套筒与测微螺杆，有可能损坏套筒内壁的阴螺纹与测杆部分的阳螺纹，从而损坏螺旋测微器。

（2）测量时，使用螺旋测微器的操作不正确，没有使用测力装置。把待测物体放在测砧上直接转动旋钮部分使测杆从另一侧抵紧待测物体至旋钮转不动，不使用测力装置就把待测物体卡紧后读数。这样不仅会造成测量值变小，还可能损坏阴阳螺纹、损坏测砧和测杆端面、使待测物体变形甚至卡在测砧与测杆之间无法取出。

（3）测量时，使用螺旋测微器的操作不正确，测力装置使用得不正确。把待测物体放在测砧上直接转动旋钮部分使测杆从另一侧抵紧待测物体至旋钮转不动，把待测物体卡紧后再使用测力装置，然后读数。这样测力装置的作用没有显现，不仅会造成测量值变小，还可能损坏阴阳螺纹、损坏测砧和测杆端面、使待测物体变形甚至卡在测砧与测杆之间无法取出。

（4）测量时，没有读出螺旋测微器的零点读数，没有对测量值进行修正。

（5）测量时，螺旋测微器的零点读数没有读对，特别是当零点读数为负值的时候容易读错（见图1.1-4）。

（6）读数时，螺旋测微器固定套筒上的读数不对。由于螺旋测微器固定套筒上的最小分度值为0.5mm，即微分套筒转一周，测杆移动0.5mm；微分套筒转两周，测杆才移动1mm，所以在固定套筒上除一侧有整数毫米数刻度线外，在另一侧还标有半毫米刻度线。漏读半毫米将导致最后的测量值不对。

（7）读数时，螺旋测微器固定套筒上读数的数值与微分套筒上读数的数值在相加的时候，位数没有对应，导致最后的测量值不对。

（8）读数时，不会借助螺旋测微器固定套筒与微分套筒刻度旁标明的数字进行读数，导致读数时间太长，甚至读错。

（9）测量时，使用螺旋测微器的操作不正确，读数时出现一边读数一边转动旋钮的情况，导致最后的测量值受到人为影响。

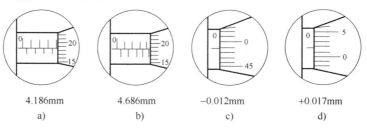

| 4.186mm | 4.686mm | −0.012mm | +0.017mm |
| a) | b) | c) | d) |

图1.1-4　螺旋测微器读数示意图

（10）使用过程中由于操作不当，出现测砧与测杆之间卡死无法移动、测力装置与测杆分离、固定螺钉掉出、刻度旁边划出很多划痕等情况，造成螺旋测微器损坏，影响其正常使用。

（11）使用结束时，没有把螺旋测微器按照拿出来时的样子原样放回盒子内收好。

3. 使用读数显微镜时可能会出现的问题

（1）不知道读数显微镜的结构、测量原理、使用方法，不知道待测物体要如何放置，不知道眼睛要往哪看、要看什么、看不到应该怎么调节读数显微镜等。

（2）测量时，读数显微镜位置的放置、显微镜的放置、待测物体的放置都不合适，可能导致读数显微镜不能测出测量对象，或需要花费很长时间调节才能测出待测量。

（3）显微镜的目镜调节不当，目镜中的差丝看不清晰或差丝清晰但差丝的方位不合适，调节过程中显微镜的目镜掉出来，甚至摔坏，固定目镜的螺钉掉出等。

（4）显微镜镜筒的起始位置放置不恰当，造成后面的调节困难，会使镜筒没有移动空间或移动空间不够，或是镜筒移动到与待测物体相碰，碰污或损坏镜片，影响测量。

（5）待测物体的位置放置不合适，造成后面的调节困难，怎么移动镜筒都难看到待测物体的像，或是镜筒移动到与待测物体相碰，碰污或损坏镜片，或是镜筒移动的方向与待测量不一致，影响测量。

（6）两次读数时，没有保证镜筒即十字丝杆只向一个方向移动，存在回程误差。

（7）读数时，读数显微镜的螺旋测微标尺（鼓轮）上读数的有效数字不对，导致最后的测量值不对。

（8）用读数显微镜测量时，未考虑使仪器的起点读数为"0"或零点读数的问题。

（9）读数时，不会借助读数显微镜主尺与螺旋测微标尺（鼓轮）上刻度旁标明的数字进行读数，导致读数时间太长，甚至读错。

（10）使用过程中由于操作不当，出现显微镜的目镜与主体分离、显微镜的目镜之间的镜片掉出、固定螺钉掉出、显微镜的目镜、物镜镜片碰污或损坏，刻度尺旁边划出很多划痕等情况，造成读数显微镜损坏，影响其正常使用。

（11）使用结束时，没有按要求收好仪器。

◄◄◄ 【实验报告范例】

物理实验报告（范例）

实验代码及名称_____实验 1.1　长度与体积的测量_____

所在院系_____　班级_____　学号_____　　　　姓名_____

实验日期_____　实验时段_____周_____（　　）节　　教学班序号_____

实验指导教师_____　选课教师_____　　　　　　　　同组人_____

一、实验目的

1. 掌握游标、螺旋测微原理。

2. 学会游标卡尺、螺旋测微器、读数显微镜的正确使用方法。

3. 练习多次等精度测量标准不确定度的估算方法和测量结果表示。

二、实验仪器

游标卡尺、螺旋测微器、读数显微镜、小钢球、米尺、圆管、毛细管等。

三、实验原理

1. 测量圆管的体积。

圆管体积公式为 $$V_1 = \frac{\pi}{4}H(D_1^2 - D_2^2) \tag{1.1-1}$$

式中，H、D_2、D_1 分别为圆管的高和内、外直径，可用米尺和游标卡尺测量。

2. 测量小钢球体积。

小钢球体积公式为 $$V_2 = \frac{\pi}{6}D^3 \tag{1.1-2}$$

式中，D 为钢球的直径，可用游标卡尺、螺旋测微器和读数显微镜分别测量。

3. 测量圆柱的体积。

圆柱的体积公式为 $$V_3 = \frac{\pi}{4}hd^2 \tag{1.1-3}$$

式中，h、d 分别为圆柱体的高和直径，可用米尺、游标卡尺测量。

4. 测量长方体的体积。

长方体的体积公式为 $$V_4 = lah \tag{1.1-4}$$

式中，l、a、h 分别为长方体的长、宽和高，可用米尺和游标卡尺测量。

5. 测量毛细管的内外直径 d 和 D。

如图 1.1-5 所示，用读数显微镜观测时，注意其中的十字叉丝应沿着毛细管的直径方向缓缓移动，当十字叉丝的一条线分别与毛细管的外壁和内壁刚好相切时停止转动，读出相应位置对应的读数 x_1、y_1、y_2、x_2，而且在整个过程中保持移动方向不变（如有改变将产生回程误差），则有

图 1.1-5

$$D = |x_1 - x_2|, \quad d = |y_1 - y_2|$$

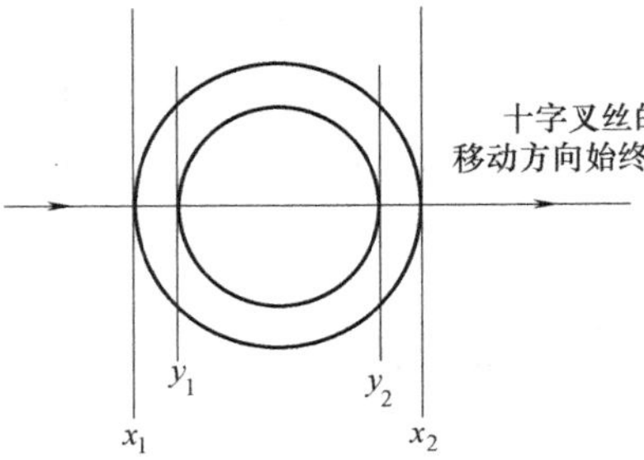

计算以上各量的近真值，测量的标准不确定度，并给出实验测量结果。

四、主要步骤

1. 测量圆管的体积。

（1）读出游标卡尺的零点读数，记下游标卡尺的分度值，将数据记录在表 1.1-1 中。

（2）用游标卡尺测量圆管的内外直径 D_2、D_1 每个值分别测量八次，并将数据记录在表 1.1-1 中。

（3）读出米尺的零点读数，记下米尺的分度值，将数据记录在表 1.1-1 中。

（4）用米尺测量圆管的高 H，分别测量八次，并将数据记录在表 1.1-1 中。

2. 测量小钢球体积。

（1）读出螺旋测微器零点读数，记下螺旋测微器的分度值，并将数据记录在表 1.1-2 中。

（2）用螺旋测微器测量小钢球的直径 D，分别测量八次，并将数据记录在表 1.1-2 中。

（3）读出游标卡尺的零点读数，记下游标卡尺的分度值，并将数据记录在表 1.1-3 中。

（4）用游标卡尺测量小钢球的直径 D，分别测量八次，并将数据记录在表 1.1-3 中。

3. 测量圆柱的体积。

（1）读出游标卡尺的零点读数，记下游标卡尺的分度值，将数据记录在表 1.1-4 中。

（2）用游标卡尺测量圆柱体的高 h 和直径 d，分别测量八次，并将数据记录在表 1.1-4 中。

4. 测量长方体的体积。

（1）读出游标卡尺的零点读数，记下游标卡尺的分度值，将数据记录在表 1.1-5 中。

（2）用游标卡尺测量长方体的长 l、宽 a 和高 h，分别测量八次，并将数据记录在表 1.1-5 中。

5. 测量毛细管的内外直径 d 和 D。

（1）记下读数显微镜的分度值，将数据记录在表 1.1-6 中。

（2）调整读数显微镜，使其能够看清楚待测对象，如图 1.1-5 所示。

（3）转动鼓轮，使镜筒和镜筒内的十字叉丝如图 1.1-5 所示箭头方向从左向右缓缓移动。当十字叉丝的一条线与毛细管的外壁和内壁刚好相切的时停止转动，读出相应位置对应的读数 x_1、y_1、y_2、x_2，而且在读数的整个过程中保持移动方向不变（如有改变将产生回程误差）。重复此操作八次，并将数据记录在表 1.1-6 中。

或者反方向进行测量，即从图 1.1-1 中的箭头所示的相反方向，由右向左缓缓移动，当十字叉丝的一条线与毛细管的外壁和内壁刚好相切的时停止转动，读出相应位置对应的读数 x_2、y_2、y_1、x_1，而且在整个过程中保持移动方向不变（如有改变将产生回程误差）。重复此操作八次，并将数据记录在表 1.1-6 中。

五、实验数据记录

表 1.1-1　用米尺测量圆管的高 H 和用游标卡尺测量圆管的外部和内部直径 D_1、D_2

游标卡尺的零点读数：0.000cm　　游标卡尺的分度值：0.02mm　　米尺的分度值：0.10cm　　（单位：cm）

测量次数	1	2	3	4	5	6	7	8	平均值
H	28.00	27.95	27.96	27.97	27.96	27.98	27.99	28.00	27.976
D_1	3.140	3.146	3.184	3.138	3.146	3.188	3.158	3.188	3.1610
D_2	2.514	2.496	2.498	2.500	2.502	2.524	2.494	2.512	2.5050

表 1.1-2　用螺旋测微器测量小钢球的直径 D

螺旋测微器的零点读数：0.179mm　　　　　　螺旋测微器的分度值：0.01mm　　　　　　（单位：mm）

测量次数	1	2	3	4	5	6	7	8	平均值
D	6.147	6.142	6.146	6.145	6.142	6.137	6.139	6.146	6.1430

表 1.1-3　用游标卡尺测量小钢球的直径 D

游标卡尺的零点读数：0.00mm　　　　　　游标卡尺的分度值：0.02mm　　　　　　（单位：mm）

测量次数	1	2	3	4	5	6	7	8	平均值
D	5.98	6.00	6.00	5.98	5.98	5.98	5.96	5.96	5.980

表 1.1-4　用游标卡尺测量圆柱体的高 h 和直径 d

游标卡尺的零点读数：0.00mm　　　　　　游标卡尺的分度值：0.02mm　　　　　　（单位：cm）

测量次数	1	2	3	4	5	6	7	8	平均值
h	4.012	4.006	4.014	4.012	4.022	4.004	4.006	4.012	4.011
d	2.998	3.000	2.998	3.000	3.000	2.994	3.000	3.000	2.9988

表 1.1-5　用游标卡尺测量长方体的长 l、宽 a、高 h 的测量数据

游标卡尺的零点读数：0.00mm　　　　　　游标卡尺的分度值：0.02mm　　　　　　（单位：cm）

测量次数	1	2	3	4	5	6	7	8	平均值
l	5.004	5.004	5.006	5.004	5.002	5.006	5.004	5.002	5.004
a	2.004	2.000	2.002	2.000	2.002	2.000	2.002	2.004	2.0018
h	1.000	1.002	1.000	1.004	1.000	1.002	1.000	1.000	1.0010

表 1.1-6　用读数显微镜测量毛细管内外直径 d 和 D

读数显微镜的分度值：0.01mm　　　　　　　　　　　　　　　　　　　　　　　（单位：mm）

测量次数	1	2	3	4	5	6	7	8	平均值
y_1	30.373	32.445	30.490	30.374	30.521	30.404	30.519	30.406	—
y_2	27.560	29.735	27.692	27.562	27.713	27.597	27.724	27.589	—
$d=\mid y_1-y_2\mid$	2.813	2.710	2.798	2.812	2.808	2.807	2.795	2.817	2.795
x_1	31.268	33.396	31.399	31.263	31.436	31.322	31.438	31.310	—
x_2	26.645	28.770	26.810	26.650	26.767	26.678	26.788	26.680	—
$D=\mid x_1-x_2\mid$	4.623	4.626	4.589	4.613	4.669	4.644	4.650	4.630	4.6305

六、实验数据处理

1. 测量圆管的体积，利用计算机中的 Excel 处理表 1.1-1 中的数据，处理结果如表 1.1-7 所示。

表 1.1-7　用米尺测量圆管的高 H 和用游标卡尺测量圆管的内外直径 D_1、D_2

游标卡尺的零点读数：0.000cm　　游标卡尺的分度值：0.02mm　　米尺的分度值：0.10cm　　　　（单位：cm）

测量量	平均值	零点修正值	修正零点误差以后的近真值	Δ	标准差 s	$u_A(x)$	$u_B(x)$	$u_C(x)$
H	27.976	0.00	27.976	0.10	0.0192261	0.0067975	0.0577367	0.0581355
D_1	3.1610	0.000	3.1610	0.002	0.0220907	0.0078102	0.0011547	0.0078952
D_2	2.5050	0.000	2.5050	0.002	0.0105289	0.0037225	0.0011547	0.0038975

在表 1.1-7 中，平均值 $\bar{x} = \dfrac{1}{n}\sum x_i$，实验标准差 $s = \sqrt{\dfrac{\sum(x_i-\bar{x})^2}{n-1}}$，平均值的实验标准差 $s(\bar{x}) = \sqrt{\dfrac{\sum(x_i-\bar{x})^2}{n(n-1)}}$，标准不确定度的 A 类分量 $u_A(x) = s(\bar{x}) = \sqrt{\dfrac{\sum(x_i-\bar{x})^2}{n(n-1)}}$，标准不确定度的 B 类分量 $u_B(x) = \dfrac{\Delta}{\sqrt{3}}$，合成标准不确定度 $u_C(x) = \sqrt{u_A^2(x)+u_B^2(x)}$。

圆管体积的近真值为 $\bar{V} = \dfrac{\pi}{4}\bar{H}(\bar{D_1}^2-\bar{D_2}^2) = \dfrac{\pi}{4}\times27.976\times(3.161^2-2.505^2)\,\text{cm}^3 = 81.66875\,\text{cm}^3$。

体积的标准不确定度：

$$u_C(V) = \sqrt{\left(\frac{\pi}{2}\bar{H}\,\bar{D_1}\,u_C(D_1)\right)^2 + \left(\frac{\pi}{2}\bar{H}\,\bar{D_2}\,u_C(D_2)\right)^2 + \left(\frac{\pi}{4}(\bar{D_1}^2-\bar{D_2}^2)\,u_C(H)\right)^2}$$

$$= \sqrt{\left(\frac{\pi}{2}\times27.976\times3.161\times0.0078952\right)^2 + \left(\frac{\pi}{2}\times27.976\times2.505\times0.0038975\right)^2 + \left[\frac{\pi}{4}\times(3.161^2-2.505^2)\times0.0581355\right]^2}\ \text{cm}^3$$

$$= \sqrt{1.096706539^2+0.429042208^2+0.339423231^2}\ \text{cm}^3 = 1.189819\ \text{cm}^3;$$

或者先求相对不确定度：$\varepsilon_V = \dfrac{u_C(V)}{\bar{V}} = \sqrt{\left(\dfrac{u_C(H)}{\bar{H}}\right)^2 + \dfrac{(2\bar{D_1}u_C(D_1))^2+(2\bar{D_2}u_C(D_2))^2}{(\bar{D_1}^2-\bar{D_2}^2)^2}}$

$$= \sqrt{\left(\frac{0.0581355}{27.976}\right)^2 + \frac{(2\times3.161\times0.0078952)^2+(2\times2.505\times0.0038975)^2}{(3.161^2-2.505^2)^2}} = 0.0145687;$$

再求标准不确定度 $u_C(V) = \bar{V}\cdot\varepsilon_V = 81.66875\times0.0145687\,\text{cm}^3 = 1.189808\,\text{cm}^3$；

所以，圆管体积的测量结果为：$V_1 = (81.7\pm1.2)\,\text{cm}^3$。

2. 测量小钢球体积，利用计算机中的 Excel 处理表 1.1-2 中的数据，处理结果如表 1.1-8 所示。

表 1. 1-8　用千分尺测量小钢球的直径 D

千分尺的零点读数：0.179mm　　　　　　千分尺的分度值：0.01mm　　　　　　（单位：mm）

测量量	平均值	零点修正值	修正零点误差以后的近真值	Δ	标准差 s	$u_A(x)$	$u_B(x)$	$u_C(x)$
D	6.1430	-0.179	5.9640	0.004	0.0036253	0.0012817	0.0023095	0.0026413

在表 1.1-8 中，平均值 $\bar{x}=\dfrac{1}{n}\sum x_i$，实验标准差 $s=\sqrt{\dfrac{\sum(x_i-\bar{x})^2}{n-1}}$，平均值的实验标准差

$s(\bar{x})=\sqrt{\dfrac{\sum(x_i-\bar{x})^2}{n(n-1)}}$，标准不确定度的 A 类分量 $u_A(x)=s(\bar{x})=\sqrt{\dfrac{\sum(x_i-\bar{x})^2}{n(n-1)}}$，标准不确定度

的 B 类分量 $u_B(x)=\dfrac{\Delta}{\sqrt{3}}$，合成标准不确定度 $u_C(x)=\sqrt{u_A^2(x)+u_B^2(x)}$。

小钢球体积的近真值为 $\bar{V}=\dfrac{\pi}{6}\bar{D}^3=\dfrac{\pi}{6}\times5.9640^3\text{mm}^3=111.0737736\text{mm}^3$。

体积的标准不确定度：$u_C(V)=\sqrt{\left(3\times\dfrac{\pi}{6}\bar{D}^2\times u_C(D)\right)^2}$，

$$u_C(V)=3\times\dfrac{\pi}{6}\bar{D}^2\times u_C(D)=\dfrac{\pi}{2}\times5.9640^2\times0.0026413\text{mm}^3=0.147575\text{mm}^3;$$

或者 $u_C(V)=\varepsilon_V\cdot\bar{V}=3\dfrac{u_C(D)}{\bar{D}}\cdot\bar{V}=3\times\dfrac{0.0026413}{5.9640}\times111.0737736\text{mm}^3=0.147575\text{mm}^3;$

小钢球体积的测量结果为 $V_2=(111.07\pm0.15)\text{mm}^3$。

3. 测量小钢球体积，利用计算机中的 Excel 处理表 1.1-3 中的数据，处理结果如表 1.1-9 所示。

表 1. 1-9　用游标卡尺测量小钢球的直径 D

游标卡尺的零点读数：0.00mm　　　　　　游标卡尺的分度值：0.02mm　　　　　　（单位：mm）

测量量	平均值	零点修正值	修正零点误差以后的近真值	Δ	标准差 s	$u_A(x)$	$u_B(x)$	$u_C(x)$
D	5.980	0.00	5.980	0.02	0.0151186	0.0053452	0.0115473	0.0127245

在表 1.1-9 中，平均值 $\bar{x}=\dfrac{1}{n}\sum x_i$，实验标准差 $s=\sqrt{\dfrac{\sum(x_i-\bar{x})^2}{n-1}}$，平均值的实验标准差

$s(\bar{x})=\sqrt{\dfrac{\sum(x_i-\bar{x})^2}{n(n-1)}}$，标准不确定度的 A 类分量 $u_A(x)=s(\bar{x})=\sqrt{\dfrac{\sum(x_i-\bar{x})^2}{n(n-1)}}$，标准不确定度

的 B 类分量 $u_B(x)=\dfrac{\Delta}{\sqrt{3}}$，合成标准不确定度 $u_C(x)=\sqrt{u_A^2(x)+u_B^2(x)}$。

小钢球体积的近真值为 $V = \frac{\pi}{6}D^3 = \frac{\pi}{6} \times 5.98^3 \text{mm}^3 = 111.9701279 \text{mm}^3$；

体积的标准不确定度：$u_C(V) = \sqrt{\left(3 \times \frac{\pi}{6}D^2 \times u_C(D)\right)^2}$；

$$u_C(V) = 3 \times \frac{\pi}{6}D^2 \times u_C(D) = \frac{\pi}{2} \times 5.98^2 \times 0.0127245 \text{mm}^3 = 0.714763798 \text{mm}^3，$$

或者 $u_C(V) = \varepsilon \cdot V = 3\frac{u_C(D)}{D}V = 3 \times \frac{0.0127245}{5.980} \times 111.9701279 \text{mm}^3 = 0.714763798 \text{mm}^3$，

所以，小钢球体积的测量结果为 $V_3 = (112.0 \pm 0.8) \text{mm}^3$。

4. 测量圆柱体的体积，利用计算机中的 Excel 处理表 1.1-4 中的数据，处理结果如表 1.1-10 所示。

表 1.1-10　用游标卡尺测量圆柱体的高 h 和直径 d

游标卡尺的零点读数：0.00mm　　　　　游标卡尺的分度值：0.02mm　　　　　（单位：cm）

测量量	平均值	零点修正值	修正零点误差以后的近真值	Δ	标准差 s	$u_A(x)$	$u_B(x)$	$u_C(x)$
h	4.011	0.000	4.011	0.02	0.005757	0.0020354	0.0577367	0.0577726
d	2.9988	0.000	2.9988	0.02	0.0021213	0.00075	0.0011547	0.0013769

在表 1.1-10 中，平均值 $\bar{x} = \frac{1}{n}\sum x_i$，实验标准差 $s = \sqrt{\frac{\sum(x_i-\bar{x})^2}{n-1}}$，平均值的实验标准差 $s(\bar{x}) = \sqrt{\frac{\sum(x_i-\bar{x})^2}{n(n-1)}}$，标准不确定度的 A 类分量 $u_A(x) = s(\bar{x}) = \sqrt{\frac{\sum(x_i-\bar{x})^2}{n(n-1)}}$，标准不确定度的 B 类分量 $u_B(x) = \frac{\Delta}{\sqrt{3}}$，合成标准不确定度 $u_C(x) = \sqrt{u_A^2(x) + u_B^2(x)}$。

圆柱体体积的近真值为 $V = \frac{\pi}{4}h \cdot d^2 = \frac{\pi}{4} \times 4.011 \times 2.9988^2 \text{cm}^3 = 28.32846648 \text{cm}^3$；

体积的标准不确定度：

$$u_C(V) = \sqrt{\left(\frac{\pi}{4}\bar{d}^2 \cdot u_C(h)\right)^2 + \left(\frac{\pi}{2}\bar{d} \cdot \bar{h} \cdot u_C(d)\right)^2}$$

$$= \sqrt{\left(\frac{\pi}{4} \times 2.9988^2 \times 0.0577726\right)^2 + \left(\frac{\pi}{2} \times 2.9988 \times 4.011 \times 0.0013769\right)^2} \text{cm}^3$$

$$= 0.4088720 \text{cm}^3；$$

或者先求相对不确定度：$\varepsilon_V = \sqrt{\left(2 \cdot \frac{u_C(d)}{\bar{d}}\right)^2 + \left(\frac{u_C(h)}{\bar{h}}\right)^2}$

$$= \sqrt{\left(2 \cdot \frac{0.0013769}{2.9988}\right)^2 + \left(\frac{0.0577726}{4.011}\right)^2} = 0.0144328，$$

再求标准不确定度 $u_C(V) = \overline{V} \cdot \varepsilon_V = 28.32846648 \times 0.0144328 \text{cm}^3 = 0.4088584 \text{cm}^3$，

所以，圆柱体体积的测量结果为 $V_4 = (28.33 \pm 0.41) \text{cm}^3$。

5. 测量长方体的体积，利用计算机中的 Excel 处理表 1.1-5 中的数据，处理结果如表 1.1-11 所示。

表 1.1-11　用游标卡尺测量长方体的长 l、宽 a、高 h 的测量数据

游标卡尺的零点读数：0.00mm　　　　　游标卡尺的分度值：0.02mm　　　　　（单位：cm）

测量量	平均值	零点修正值	修正零点误差以后的近真值	Δ	标准差 s	$u_A(x)$	$u_B(x)$	$u_C(x)$
l	5.004	0.000	5.004	0.02	0.00151186	0.000534522	0.001154734	0.00127245
a	2.0018	0.000	2.0018	0.02	0.00166905	0.000590097	0.001154734	0.00129678
h	1.0010	0.000	1.0010	0.02	0.00151186	0.000534522	0.001154734	0.00127245

在表 1.1-11 中，平均值：$\overline{x} = \dfrac{1}{n}\sum x_i$；实验标准差：$s = \sqrt{\dfrac{\sum(x_i - \overline{x})^2}{n-1}}$；平均值的实验标准差：$s(\overline{x}) = \sqrt{\dfrac{\sum(x_i - \overline{x})^2}{n(n-1)}}$；标准不确定度的 A 类分量：$u_A(x) = s(\overline{x}) = \sqrt{\dfrac{\sum(x_i - \overline{x})^2}{n(n-1)}}$；标准不确定度的 B 类分量：$u_B(x) = \dfrac{\Delta}{\sqrt{3}}$；合成标准不确定度：$u_C(x) = \sqrt{u_A^2(x) + u_B^2(x)}$。

长方体体积的近真值为 $V = \overline{l} \cdot \overline{a} \cdot \overline{h} = 5.004 \times 2.0018 \times 1.0010 = 10.02677376 \text{cm}^3$

体积的标准不确定度：$u_C(V) = \sqrt{(\overline{a} \cdot \overline{h} \cdot u_C(l))^2 + (\overline{l} \cdot \overline{h} \cdot u_C(a))^2 + (\overline{l} \cdot \overline{a} \cdot u_C(h))^2}$

$$= \sqrt{\begin{matrix}(2.0018 \times 1.001 \times 0.00127245)^2 + (5.004 \times 1.0010 \times \\ 0.00129678)^2 + (5.004 \times 2.0018 \times 0.00127245)^2\end{matrix}} \text{cm}^3$$

$$= \sqrt{0.0025497376^2 + 0.006495576207^2 + 0.01274614^2} \text{cm}^3$$

$$= 0.014531 \text{cm}^3,$$

或者先求相对不确定度：$\varepsilon_V = \sqrt{\left(\dfrac{u_C(l)}{\overline{l}}\right)^2 + \left(\dfrac{u_C(a)}{\overline{a}}\right)^2 + \left(\dfrac{u_C(h)}{\overline{h}}\right)^2}$

$$\varepsilon_V = \sqrt{\left(\dfrac{0.00127245}{5.004}\right)^2 + \left(\dfrac{0.00129678}{2.0018}\right)^2 + \left(\dfrac{0.00127245}{1.001}\right)^2}$$

$$= \sqrt{0.0002542865707^2 + 0.0006478069737^2 + 0.001271178821^2}$$

$$= 0.0014492,$$

再求标准不确定度 $u_C(V) = \overline{V} \cdot \varepsilon_V = 10.02677376 \times 0.0014492 \text{cm}^3 = 0.0145309 \text{cm}^3$，所以，长方体体积的测量结果为 $V_5 = (10.027 \pm 0.015) \text{cm}^3$。

6. 测量毛细管的内、外直径 d 和 D，利用计算机中的 Excel 处理表 1.1-6 中的数据，处

理结果如表 1.1-12 所示。

表 1.1-12 用读数显微镜测量毛细管内、外直径 d 和 D

读数显微镜的分度值：0.01mm （单位：mm）

测量量	平均值	近真值	Δ	标准差 s	$u_A(x)$	$u_B(x)$	$u_C(x)$
$d = \|y_1 - y_2\|$	2.795	2.795	0.005	0.035140534	0.0124241	0.000289	0.012427
$D = \|x_1 - x_2\|$	4.6305	4.6305	0.005	0.024348658	0.0086086	0.000289	0.008613

在表 1.1-12 中，平均值 $\bar{x} = \dfrac{1}{n}\sum x_i$，实验标准差 $s = \sqrt{\dfrac{\sum (x_i - \bar{x})^2}{n-1}}$，平均值的实验标准差 $s(\bar{x}) = \sqrt{\dfrac{\sum (x_i - \bar{x})^2}{n(n-1)}}$，标准不确定度的 A 类分量 $u_A(x) = s(\bar{x}) = \sqrt{\dfrac{\sum (x_i - \bar{x})^2}{n(n-1)}}$，标准不确定度的 B 类分量 $u_B(x) = \dfrac{\Delta}{\sqrt{3}}$，合成标准不确定度 $u_C(x) = \sqrt{u_A^2(x) + u_B^2(x)}$。

毛细管内直径 d 的测量结果为 $d = (2.795 \pm 0.013)\,\mathrm{mm}$；

毛细管外直径 D 的测量结果为 $D = (4.630 \pm 0.009)\,\mathrm{mm}$。

七、分析与讨论

略。（可以讨论回答与本实验内容有关的各种问题）

实验 1.2　质量与密度的测量

◀◀◀【实验基本要求】

1. 掌握物理天平的测量原理，学会物理天平的正确使用方法。
2. 学会质量的测量方法。
3. 学会密度的测量方法。

◀◀◀【实验指导】

在使用物理天平进行测量前，先要了解物理天平的结构（见图 1.2-1），测量原理和使用方法，结合测量要求选择合适的物理天平进行测量。测量时要同时保证操作正确和读数正确，才能保证测量结果正确。使用过程中还要注意保护仪器，防止物理天平被损坏。

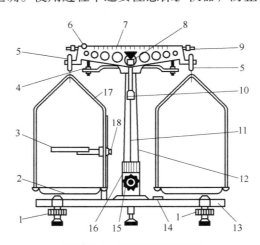

图 1.2-1　物理天平的结构

1—底座调平螺母　2—秤盘　3—载物台　4—横梁支架　5—左右刀口　6—游码　7—横梁

8—中央刀承　9—调节横梁平衡螺母　10—感量调节器　11—指针　12—中央支柱

13—底座　14—气泡水准仪　15—横梁升降手轮　16—指针刻度牌

17—秤盘架　18—载物台固定架

大学物理实验室常用的天平是 WL-0.5 型物理天平，其规格参数为：称量 500g，感量 20mg/格，横梁游码标尺的分度为 20mg，仪器的最大误差限为 $\Delta_{ins} = 20mg$。该型天平配备的砝码规格有：200g、100g、50g、20g、10g、5g、2g、1g，共计八种。其中，规格为 5g、2g、1g 的砝码因尺寸太小而在砝码侧面分别铭刻了 "5" "2" "1" 等质量标识，其余规格的砝码均把质量标识铭刻在砝码上表面，譬如规格为 10g 的砝码，上表面铭刻有 "10g" 的质量标识，其余类推。

◀◀【常见问题】

1. 使用物理天平时可能会出现的问题

（1）调节天平底座水平过程　为了方便观察水平气泡而把天平移到近前，调完又推回"原位"，导致天平底座在新位置可能不再水平。

（2）调节天平横梁平衡过程　第一次启动天平前忘记把游码移到零刻度线，忘记把秤盘吊耳挂在横梁刀口上，没有检查横梁是否正确置于横梁支架上（"三点一线"即横梁支架对横梁的三个支撑点、横梁支架中央刀承对横梁中央刀口的支撑线的位置是否正确，并且指针是否正对指针刻度牌中央刻线）。启动天平调节平衡时，应缓慢转动横梁升降手轮（以下简称手轮），使横梁稍微升高后暂停转动手轮，观察指针情况。①若指针偏离指针刻度牌中央刻线（以下简称中央刻线）静止，并且横梁与横梁支架的三个支撑点未完全脱离接触，表明天平两臂远离平衡。此时，应反向缓慢转动手轮止动天平，检查横梁是否仍然正确地置于横梁支架上，然后调节平衡螺母，再进行下一轮调节平衡。②若指针左右摆动，且摆动的平衡点明显不在中央刻线处，表明天平两臂仍未平衡。此时，应反向缓慢转动手轮止动天平，然后轻微调节平衡螺母，再进行下一轮调节平衡。③若指针左右摆动且摆动的平衡点在中央刻线处，或是指针静止且指向中央刻线处，表明天平两臂接近或达到平衡。为进一步验证是否达到平衡，应继续缓慢转动手轮将横梁小幅升高后暂停，观察指针情况，再依②、③情形处理。连续出现 2、3 次③的情形，可认为天平两臂达到平衡条件，反向缓慢转动手轮止动天平，调节平衡过程结束。

（3）称衡待测物体过程　称衡前须注意待测物体的质量不得超过天平称量。由于称衡过程也是一个调节平衡的过程，无非是把（2）中关于"调节平衡螺母"的部分替换成增减砝码和移动游码即可，而粗调、细调的调节过程体现为增减大砝码、增减小砝码、移动游码的过程。需要注意，相较于（2），称衡时，天平可能会出现秤盘晃动的情形，除①需要立即止动天平调节外，其余②、③的情形，可稍等片刻，让秤盘不再晃动后再观察指针的情况并做出相应调节处理。另外，在①的情形下，如果检查发现横梁没有正确置于横梁支架上，则需移除待测物体和砝码，让游码归零，重新按（2）进行平衡调节后再称衡待测物体。其他可能出现的问题还有：没有做到"左物右码"；取放待测物体、砝码或移动游码时，没有对天平止动；待测物体或砝码没有放在秤盘中央；取放砝码和移动游码时，忘了用镊子而直接用手；两次测量之间忘记把游码移到零刻度线；秤盘晃动时，用手去抓秤盘或秤盘挂架，破坏天平的两臂平衡条件。

（4）用静力称衡法测固体密度过程　调节载物台位置时，没有拧动载物台固定架螺丝，而是用手硬掰，导致固定架不稳定。烧杯盛水过多，稍有不慎导致水溢出泼洒在天平和实验台上。测量固体在空气中的质量时，没有对浸湿的固体和挂绳进行干燥处理。测量固体全部浸没在水中的质量时，没有清理附着在固体表面的气泡，人为引起误差，更有甚者，要么固体没有完全浸没在水中，要么完全浸没但已经触底，导致测量严重失真。

（5）测量结束时　没有止动天平并把横梁正确地置于横梁支架上，忘记把秤盘吊耳从横梁刀口上移放在横梁上。没有把经过静力称衡法测密度的固体擦拭干净，没有把待测固体、砝码依原样收纳至相应盒子内。

2. 使用游标卡尺和螺旋测微器时可能会出现的问题

详细内容请参看实验 1.1 对应内容。

◄◄◄【实验报告范例】

物理实验报告（范例）

实验代码及名称　　　　　　　实验 1.2　质量与密度的测量　　　　　

所在院系　　　　　　班级　　　　　学号　　　　　姓名　　　　　

实验日期　　　　　　实验时段　　周　（　　）节　　教学班序号　　　

实验指导教师　　　　　选课教师　　　　　　　　　同组人　　　　　

一、实验目的

1. 学会物理天平的正确使用方法。

2. 学会质量与密度的测量方法。

二、实验仪器

物理天平、游标卡尺、螺旋测微器、小烧杯、镊子、蒸馏水、待测物体等。

三、实验原理

根据物质密度的定义，有

$$\rho = \frac{m}{V} \tag{1.2-1}$$

式中，m 是物体的质量，V 是物体的体积。质量可用天平称衡。对于外形规则的固体，可直接测量有关线度计算体积，对于一般的固体或液体则常用静力称衡法和比重瓶法求其体积。

1. 用静力称衡法测定固体的密度。

设 m 为待测固体在空气中称衡时的质量。m_1 为待测固体悬吊在密度为 ρ_0 的液体中称衡时的质量，称衡时的装置如图 1.2-2 所示。根据阿基米德浮力定律，待测物体在液体中受到的浮力 $(m-m_1)g$ 等于待测固体在此液体中排开的等体积液体的重量 $\rho_0 V g$，则固体的体积为

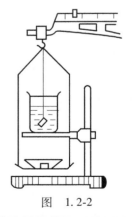

图　1.2-2

$$V = \frac{m-m_1}{\rho_0} \tag{1.2-2}$$

代入（1.2-1）式，可得固体的密度为

$$\rho = \frac{m}{m-m_1}\rho_0 \tag{1.2-3}$$

2. 使用方法。

（1）在使用物理天平进行质量称衡前，必须先进行以下两步调平。

调水平：调节底座上的调平螺钉，使气泡水准仪中的气泡处在圆圈中央。

调平衡：先把游码移到零刻度线，左右秤盘钩、秤盘架、秤盘放置好，并把左右秤盘钩上的左右刀承放到左右刀口上。转动升降轮，使升降横梁启动天平，指针便左右摆动，当指针在10分格刻线左右对称地摆动（或正对10分格线）时，表明天平已达到平衡，否则应转动手轮止动天平（即横梁落在托架上）。调节横梁任意一侧平衡螺母的位置之后再启动天平，观察指针摆动情况，反复调节直至天平平衡。

（2）称衡物体质量。将待测物体放在左盘中央，先估计它的质量，用镊子夹适当的砝码放在右盘中央，启动天平，根据指针偏转方向判明轻重调整砝码。调整砝码时，一定要由重到轻，依次更换砝码，当指针偏转于10分格刻线左边或右边不多时，可向左或向右移动游码，使天平处于平衡。止动天平，将盘中砝码质量与游码所指数值相加即得被测物体的质量。

四、主要步骤

1. 测量由不同物质构成的规则立方体和圆柱体的密度。

（1）测定各个立方体（由木、铝、铜、铁材料制成）的密度。

① 用螺旋测微器测量各个立方体的边长 d（见表1.2-1）。

② 测量各个立方体的质量 m（见表1.2-2）。

③ 根据式（1.2-1），计算各个立方体的密度 ρ。

（2）测定各个圆柱体（由铝、铜、铁材料制成）的密度。

① 用游标卡尺测量各个圆柱体的直径 D（见表1.2-3）。

② 用游标卡尺测量各个圆柱体的高 h（见表1.2-3）。

③ 用物理天平测量各个圆柱体的质量 m（见表1.2-4）。

④ 根据式（1.2-1），计算各个圆柱体的密度 ρ。

2. 用流体静力称衡法测定金属块的密度。

① 用物理天平测量待测金属块在空气中的质量 m（见表1.2-5）。

② 用物理天平测量待测金属块完全浸没在蒸馏水中的质量 m_1（见表1.2-5）。

③ 取蒸馏水的密度 $\rho_0 = 1.0\text{g}\cdot\text{cm}^{-3}$，根据式（1.2-3），计算待测金属块的密度 ρ。

五、实验数据记录

表1.2-1　用螺旋测微器测量各个立方体的边长

零点值：$d_0 = -0.018\text{mm}$，分度值：0.01mm，仪器误差限 $\Delta_1 = 0.004\text{mm}$　　　　　　　　　　（单位：mm）

材质	测量量	1	2	3	4	5	6
木	边长读数值 d'_{1i}	19.552	19.638	19.620	19.768	19.599	19.622
	边长 $d_{1i} = d'_{1i} - d_0$	19.570	19.656	19.638	19.786	19.617	19.640

（续）

材质	测量量	1	2	3	4	5	6
铝	边长读数值 d'_{2i}	20.036	20.017	20.111	20.158	20.017	20.030
	边长 $d_{2i}=d'_{2i}-d_0$	20.054	20.035	20.129	20.176	20.035	20.048
铜	边长读数值 d'_{3i}	19.834	19.832	19.843	19.838	20.017	20.084
	边长 $d_{3i}=d'_{3i}-d_0$	19.852	19.850	19.861	19.856	20.035	20.102
铁	边长读数值 d'_{4i}	19.955	19.896	19.788	19.782	19.762	19.757
	边长 $d_{4i}=d'_{4i}-d_0$	19.973	19.914	19.806	19.800	19.780	19.775

表 1.2-2　用物理天平测量各个立方体的质量

分度值：0.020g，仪器误差限 $\Delta_2=0.020$g　　　　　　　　　　　　　　　　　　（单位：g）

木块质量 m_1	铝块质量 m_2	铜块质量 m_3	铁块质量 m_4
4.718	20.582	66.500	60.820

表 1.2-3　用游标卡尺测量各个圆柱体的直径和高

零点值：$D_0=h_0=0.00$mm，分度值：0.02mm，仪器误差限 $\Delta_3=0.02$mm　　　　　（单位：mm）

材质	测量量	1	2	3	4	5	6
铝	直径读数 D'_{5i}	30.00	30.00	30.00	30.00	30.00	30.00
	直径 $D_{5i}=D'_{5i}-D_0$	30.00	30.00	30.00	30.00	30.00	30.00
	高度读数 h'_{5i}	40.04	40.02	40.08	40.00	40.06	40.02
	高度 $h_{5i}=h'_{5i}-h_0$	40.04	40.02	40.08	40.00	40.06	40.02
铜	直径读数 D'_{6i}	30.00	30.00	30.00	30.00	30.00	30.00
	直径 $D_{6i}=D'_{6i}-D_0$	30.00	30.00	30.00	30.00	30.00	30.00
	高度读数 h'_{6i}	40.04	40.00	40.04	40.00	40.00	40.00
	高度 $h_{6i}=h'_{6i}-h_0$	40.04	40.00	40.04	40.00	40.00	40.02
铁	直径读数 D'_{7i}	30.00	30.00	30.00	30.00	30.00	30.00
	直径 $D_{7i}=D'_{7i}-D_0$	30.00	30.00	30.00	30.00	30.00	30.00
	高度读数 h'_{7i}	39.90	39.92	39.90	39.94	39.98	39.96
	高度 $h_{7i}=h'_{7i}-h_0$	39.90	39.92	39.90	39.94	39.98	39.96

表 1.2-4　用物理天平测量各个圆柱体的质量

分度值：0.020g，仪器误差限 $\Delta_4=0.020$g　　　　　　　　　　　　　　　　　　（单位：g）

铝块质量 m_5	铜块质量 m_6	铁块质量 m_7
76.522	236.548	219.662

表 1.2-5　用物理天平测量金属块的质量（流体静力称衡法）

分度值：0.020g，仪器误差限 $\Delta_5=0.020$g　　　　　　　　　　　　　　　　　　（单位：g）

在空气中的质量 m_8	浸没在蒸馏水中的质量 m_9
59.760	38.722

六、实验数据处理

1. 计算各个立方体的密度。

（1）计算各个立方体的边长、质量的近真值和标准不确定度。

先计算木块边长的平均值（近真值），

$$\overline{d}_1 = \frac{1}{6}\sum_{i=1}^{6} d_{1i}$$

$$= \frac{1}{6} \times (19.570 + 19.656 + 19.638 + 19.786 + 19.617 + 19.640)\,\text{mm}$$

$$= 19.6512\,\text{mm}$$

再计算木块边长测量列的标准偏差，

$$s(d_1) = \sqrt{\frac{\sum_{i=1}^{6}(d_{1i} - \overline{d}_1)^2}{6-1}}$$

$$= \frac{1}{\sqrt{5}} \times \sqrt{(19.570 - 19.6512)^2 + \cdots + (19.640 - 19.6512)^2}\,\text{mm}$$

$$= 0.0725\,\text{mm}$$

所以，木块边长的 A 类标准不确定度：

$$u_A(d_1) = \frac{s(d_1)}{\sqrt{6}} = \frac{0.0725\,\text{mm}}{\sqrt{6}} = 0.0296\,\text{mm}$$

补充说明：作为计算密度的中间过渡物理量，边长的平均值（近真值）和不确定度的位数可以比正常截断多取一位以免造成截尾误差的累积。标准偏差的截尾可参照标准不确定度处理。

木块边长的 B 类标准不确定度

$$u_B(d_1) = \frac{\Delta_1}{\sqrt{3}} = \frac{0.004\,\text{mm}}{\sqrt{3}} = 0.00231\,\text{mm}$$

所以木块边长的合成标准不确定度

$$u_C(d_1) = \sqrt{u_A^2(d_1) + u_B^2(d_1)} = \sqrt{0.0296^2 + 0.00231^2}\,\text{mm}$$

$$= 0.0297\,\text{mm}$$

对于木块质量，因为是单次测量，所以近真值即为测量值，即 $\overline{m}_1 = 4.718\text{g}$。另外，由于估算 A 类标准不确定度必须有重复观测的结果或称平行实验结果，而单次测量不具备估算条件。为简便计，在估算单次测量物理量的合成标准不确定度时，可忽略其 A 类标准不确定度分量而仅考虑 B 类标准不确定度分量，即 $u_C \approx u_B$，所以木块质量的合成标准不确定度

$$u_C(m_1) \approx u_B(m_1) = \frac{\Delta_2}{\sqrt{3}} = \frac{0.020\text{g}}{\sqrt{3}} = 0.0116\text{g}$$

同理也可计算其他立方体边长、质量的近真值和标准不确定度，并将结果列表如下：

表 1.2-6　各个立方体边长，质量的近真值和标准不确定度

材质	边长/mm					质量/g		
	$\bar{d}$	$s(d)$	$u_A(d)$	$u_B(d)$	$u_C(d)$	$\bar{m}$	$u_B(m)$	$u_C(m)$
木	19.6512	0.0725	0.0296	0.00231	0.0297	4.718	0.0116	0.0116
铝	20.0795	0.0590	0.0241	0.00231	0.0243	20.582	0.0116	0.0116
铜	19.9260	0.1125	0.0460	0.00231	0.0461	66.500	0.0116	0.0116
铁	19.8413	0.0822	0.0336	0.00231	0.0337	60.820	0.0116	0.0116

（2）计算各个立方体密度的近真值和标准不确定度。

注意到立方体体积与边长的关系 $V=d^3$ 和式（1.2-1），可得

$$\rho=\rho(m,d)=\frac{m}{d^3}$$

先计算木块密度的合成标准不确定度，依据《大学物理实验》第 13 页式（0.3-22），有

$$u_C(\rho_1)=\rho_1\sqrt{\left(1\times\frac{u_C(m_1)}{m_1}\right)^2+\left(-3\times\frac{u_C(d_1)}{d_1}\right)^2}\approx\bar{\rho}_1\sqrt{\left(\frac{u_C(m_1)}{\bar{m}_1}\right)^2+\left(\frac{3u_C(d_1)}{\bar{d}_1}\right)^2}$$

$$=\frac{\bar{m}_1}{\bar{d}_1^3}\sqrt{\left(\frac{u_C(m_1)}{\bar{m}_1}\right)^2+\left(\frac{3u_C(d_1)}{\bar{d}_1}\right)^2}$$

$$=\frac{4.718}{19.6512^3}\times\sqrt{\left(\frac{0.0116}{4.718}\right)^2+\left(\frac{3\times0.0297}{19.6512}\right)^2}\text{g}\cdot\text{mm}^{-3}$$

$$=4\times10^{-6}\text{g}\cdot\text{mm}^{-3}$$

$$=0.004\text{g}\cdot\text{cm}^{-3}$$

采用先平均法计算木块密度的近真值，即

$$\bar{\rho}_1=\rho(\bar{m}_1,\bar{d}_1)=\frac{\bar{m}_1}{\bar{d}_1^3}=\frac{4.718}{19.6512^3}\text{g}\cdot\text{mm}^{-3}$$

$$=6.22\times10^{-4}\text{g}\cdot\text{mm}^{-3}$$

$$=0.622\text{g}\cdot\text{cm}^{-3}$$

所以木立方体密度的测量结果为

$$\rho_1=\bar{\rho}_1\pm u_C(\rho_1)=(0.622\pm0.004)\text{g}\cdot\text{cm}^{-3}$$

同理可算出其他立方体的密度如下：

铝立方体密度为 $\rho_2=(2.542\pm0.010)\text{g}\cdot\text{cm}^{-3}$；

铜立方体密度为 $\rho_3=(8.40\pm0.06)\text{g}\cdot\text{cm}^{-3}$；

铁立方体密度为 $\rho_4=(7.79\pm0.04)\text{g}\cdot\text{cm}^{-3}$。

2. 计算各个圆柱体的密度。

（1）计算各个圆柱体直径、高、质量的近真值和标准不确定度。

先计算铝块直径的平均值（近真值），

$$\overline{D}_5 = \frac{1}{6}\sum_{i=1}^{6} D_{5i} = 30.00\text{mm}$$

再计算铝块直径测量列的标准偏差，

$$s(D_5) = \sqrt{\frac{\sum_{i=1}^{6}(D_{5i} - \overline{D}_5)^2}{6-1}} = 0\text{mm}$$

所以，铝块直径的 A 类标准不确定度：

$$u_A(D_5) = \frac{s(D_5)}{\sqrt{6}} = \frac{0}{\sqrt{6}}\text{mm} = 0\text{mm}$$

而铝块直径的 B 类标准不确定度：

$$u_B(D_5) = \frac{\Delta_3}{\sqrt{3}} = \frac{0.02}{\sqrt{3}}\text{mm} = 0.0116\text{mm}$$

所以铝块直径的合成标准不确定度：

$$u_C(D_5) = \sqrt{u_A^2(D_5) + u_B^2(D_5)} = \sqrt{u_B^2(D_5)} = u_B(D_5) = 0.0116\text{mm}$$

对于铝块的高，其平均值（近真值）为

$$\overline{h}_5 = \frac{1}{6}\sum_{i=1}^{6} h_{5i} = 40.037\text{mm}$$

其测量列标准偏差：

$$s(h_5) = \sqrt{\frac{\sum_{i=1}^{6}(h_{5i} - \overline{h}_5)^2}{6-1}} = 0.0295\text{mm}$$

所以，铝块高的 A 类标准不确定度：

$$u_A(h_5) = \frac{s(h_5)}{\sqrt{6}} = \frac{0.0295}{\sqrt{6}} = 0.0121\text{mm}$$

而铝块高的 B 类标准不确定度：

$$u_B(h_5) = \frac{\Delta_3}{\sqrt{3}} = \frac{0.02}{\sqrt{3}}\text{mm} = 0.0116\text{mm}$$

所以铝块高的合成标准不确定度：

$$u_C(h_5) = \sqrt{u_A^2(h_5) + u_B^2(h_5)}$$
$$= \sqrt{0.0121^2 + 0.0116^2}$$
$$= 0.0168\text{mm}$$

对于铝块质量，由于是单次测量，所以近真值即为测量值，即 $\overline{m}_5 = 76.522\text{g}$，而铝块质量的合成标准不确定度：

$$u_C(m_5) \approx u_B(m_5) = \frac{\Delta_4}{\sqrt{3}} = \frac{0.020}{\sqrt{3}}\text{g} = 0.0116\text{g}$$

同理也可计算其他圆柱体直径、高、质量的平均值和标准不确定度，并将结果列表如表 1.2-7 所示：

表 1.2-7　各个圆柱体直径、高、质量的平均值和标准不确定度

材质	测量量	直径和高/mm					质量/g		
		近真值	s	u_A	u_B	u_C	$\overline{m}$	u_B	u_C
铝	直径 D_5	30.000	0	0	0.0116	0.0116	76.522	0.0116	0.0116
	高 h_5	40.037	0.0295	0.0121	0.0116	0.0168			
铜	直径 D_6	30.000	0	0	0.0116	0.0116	236.548	0.0116	0.0116
	高 h_6	40.010	0.0168	0.0069	0.0116	0.0135			
铁	直径 D_7	30.000	0	0	0.0116	0.0116	219.662	0.0116	0.0116
	高 h_7	39.933	0.0327	0.0134	0.0116	0.0178			

（2）计算各个圆柱体密度的近真值和标准不确定度。

注意到圆柱体体积与边长的关系：

$$V = \pi\left(\frac{D}{2}\right)^2 h$$

和式（1.2-1），可得

$$\rho = \rho(m, D, h) = \frac{4m}{\pi D^2 h}$$

先计算铝圆柱体密度的合成标准不确定度，依据《大学物理实验》第 13 页式（0.3-22），有

$$u_C(\rho_5) = \rho_5\sqrt{\left(1\times\frac{u_C(m_5)}{m_5}\right)^2 + \left(-2\times\frac{u_C(D_5)}{D_5}\right)^2 + \left(-1\times\frac{u_C(h_5)}{h_5}\right)^2}$$

$$\approx \overline{\rho}_5\sqrt{\left(\frac{u_C(m_5)}{\overline{m}_5}\right)^2 + \left(\frac{2u_C(D_5)}{\overline{D}_5}\right)^2 + \left(\frac{u_C(h_5)}{\overline{h}_5}\right)^2}$$

$$= \frac{4\overline{m}_5}{\pi\overline{D}_5^2\overline{h}_5}\sqrt{\left(\frac{u_C(m_5)}{\overline{m}_5}\right)^2 + \left(\frac{2u_C(D_5)}{\overline{D}_5}\right)^2 + \left(\frac{u_C(h_5)}{\overline{h}_5}\right)^2}$$

$$= \frac{4\times76.522}{\pi\times30.00^2\times40.037}\times\sqrt{\left(\frac{0.0116}{76.522}\right)^2 + \left(\frac{2\times0.0116}{30.00}\right)^2 + \left(\frac{0.0168}{40.037}\right)^2}\text{g}\cdot\text{mm}^{-3}$$

$$= 2.5\times10^{-6}\text{g}\cdot\text{mm}^{-3}$$

$$= 0.0025\text{g}\cdot\text{cm}^{-3}$$

采用先平均法计算铝圆柱体密度的近真值，即

$$\bar{\rho}_5 = \rho(\overline{m}_5, \overline{D}_5, \overline{h}_5) = \frac{4\overline{m}_5}{\pi \overline{D}_5^2 \overline{h}_5} = \frac{4 \times 76.522\text{g}}{\pi \times 30.000^2 \times 40.037}\text{g} \cdot \text{mm}^{-3}$$

$$= 2.7039 \times 10^{-3}\text{g} \cdot \text{mm}^{-3}$$

$$= 2.7039\text{g} \cdot \text{cm}^{-3}$$

所以铝圆柱体密度的测量结果为

$$\rho_5 = \bar{\rho}_5 \pm u_C(\rho_5) = (2.7039 \pm 0.0025)\text{g} \cdot \text{cm}^{-3}$$

同理可算出其他圆柱体的密度如下：

铜圆柱体密度为 $\rho_6 = (8.364 \pm 0.008)\text{g} \cdot \text{cm}^{-3}$；

铁圆柱体密度为 $\rho_7 = (7.782 \pm 0.007)\text{g} \cdot \text{cm}^{-3}$。

3. 用流体静力称衡法测定金属块的密度。

（1）计算待测金属块在空气和水中质量的近真值和标准不确定度。

对于待测金属块在空气中的质量，由于是单次测量，所以近真值即为测量值，即 $\overline{m}_8 = 59.760\text{g}$，而待测金属块在空气中的质量的合成标准不确定度

$$u_C(m_8) \approx u_B(m_8) = \frac{\Delta_5}{\sqrt{3}} = \frac{0.020}{\sqrt{3}}\text{g} = 0.0116\text{g}$$

对于待测金属块在水中的质量，同理可得：近真值 $\overline{m}_9 = 38.722\text{g}$，合成标准不确定度

$$u_C(m_9) \approx u_B(m_9) = 0.0116\text{g}$$

（2）计算待测金属块密度的近真值和标准不确定度。

由式（1.2-3），可得待测金属块的密度为

$$\rho = \rho(m_8, m_9) = \frac{m_8}{m_8 - m_9}\rho_0$$

先计算待测金属块密度的合成标准不确定度，依据《大学物理实验》第12页式（0.3-21），有

$$u_C(\rho) = \sqrt{\left(\frac{\partial\rho}{\partial m_8}\right)^2 u_C^2(m_8) + \left(\frac{\partial\rho}{\partial m_9}\right)^2 u_C^2(m_9)}$$

$$= \sqrt{\left(\frac{-\rho_0 m_9}{(m_8 - m_9)^2}\right)^2 u_C^2(m_8) + \left(\frac{\rho_0 m_8}{(m_8 - m_9)^2}\right)^2 u_C^2(m_8)}$$

$$= \frac{\rho_0 u_C(m_8)}{(m_8 - m_9)^2}\sqrt{m_8^2 + m_9^2}$$

$$\approx \frac{\rho_0 u_C(m_8)}{(\overline{m}_8 - \overline{m}_9)^2}\sqrt{\overline{m}_8^2 + \overline{m}_9^2}$$

$$= \frac{1.0 \times 0.0116}{(59.760 - 38.722)^2}\sqrt{59.760^2 + 38.722^2}\text{g} \cdot \text{cm}^{-3}$$

$$= 0.0019\text{g} \cdot \text{cm}^{-3}$$

待测金属块密度的近真值为

$$\bar{\rho} = \frac{m_8}{m_8 - m_9}\rho_0 = \frac{59.760}{59.760 - 38.722} \times 1.0\,\mathrm{g \cdot cm^{-3}}$$

$$= 2.8406\,\mathrm{g \cdot cm^{-3}}$$

所以待测金属块密度的测量结果为

$$\rho = \bar{\rho} \pm u_C(\rho) = (2.8406 \pm 0.0019)\,\mathrm{g \cdot cm^{-3}}$$

七、分析与讨论

略。（可以讨论、回答与本实验内容有关的各种问题）

实验 1.3 单摆的研究

◀◀◀【实验基本要求】

1. 学会正确的秒表使用方法。
2. 学会米尺、螺旋测微器的正确使用方法。
3. 掌握用单摆测重力加速度的正确方法。
4. 研究单摆的周期与摆长的关系。
5. 用作图法处理实验数据。
6. 练习测量标准不确定度的估算方法和测量结果表示。

◀◀◀【实验指导】

1. 单摆物理模型及周期公式

单摆是一个理想化的物理模型，我们忽略了摆线的质量和摆球的大小，把摆球看成一个

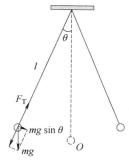

图 1.3-1 单摆示意图

质点，并且忽略了空气阻力等因素的影响。如图 1.3-1 所示，设摆球质量为 m，摆长为 l，摆球仅受摆线的拉力 F_T 和重力 mg 的作用。此时，摆球所受的合力为 $mg\sin\theta$，在合力 $mg\sin\theta$ 的作用下，摆球在平衡位置点 O 左右两边来回摆动，因此将合力 $mg\sin\theta$ 称为回复力，回复力的方向始终指向平衡位置。当 θ 很小（小于 5°）时，$\sin\theta$ 近似等于 θ（即 $\sin\theta \approx \theta$），所以回复力近似为 $mg\theta$。

如图 1.3-1 所示，在回复力 $mg\theta$ 的作用下，摆球沿着半径为 l 的圆周作运动，回复力沿着圆周的切线方向并且始终指向平衡位置点 O。设切向加速为 $a_切$，根据牛顿第二定律，摆球的运动方程为

$$ma_切 = ml\beta = ml\frac{d^2\theta}{dt^2} = -mg\theta \tag{1.3-1}$$

其中 β 称为角加速度，切向加速度 $a_切 = l\beta$，l 为圆周的半径，β 为角加速度，$\beta = \dfrac{d\omega}{dt} = \dfrac{d^2\theta}{dt^2}$。由式（1.3-1）可以得：

$$\frac{d^2\theta}{dt^2} + \frac{g}{l}\theta = 0 \tag{1.3-2}$$

式（1.3-2）是一个简谐运动方程，即单摆此时作简谐振动，其角频率 ω 的平方等于 $\dfrac{g}{l}$

$\left(\text{即} \ \omega^2 = \dfrac{g}{l}\right)$。因此单摆振动的周期：

$$T = \frac{2\pi}{\omega} = 2\pi\sqrt{\frac{l}{g}} \qquad\qquad (1.3\text{-}3)$$

式（1.3-3）就是单摆的周期公式。从上式的推导我们知道，在推导过程中，有一个重要的前提条件：摆角 θ 很小（小于5°），只有 θ 很小时，$\sin\theta$ 才近似等于 θ（$\sin\theta \approx \theta$）。单摆的周期公式只有在摆角 θ 很小的情况下才近似成立，所以在做实验时，单摆的摆角不能过大，不要超过5°。由式（1.3-3）可进一步化为 $T^2 = \dfrac{4\pi^2}{g} l$。

在实验中，等间隔改变摆长 l，测量对应的周期 T。改变摆长 6~8 次，可获得多组摆长 l 与周期 T 的数据，根据这些数据作 $T^2 - l$ 图，求出直线斜率 k，此时 $k = \dfrac{4\pi^2}{g}$，则可以求出重力加速度 $g = \dfrac{4\pi^2}{k}$，这就是用单摆测量重力加速度的实验原理。

2. 摆长的测量

在实验中，摆球是有一定体积和大小的，并不是理想的质点。如图 1.3-2 所示，单摆的摆长 l 是指从悬挂点到摆球质心的距离，因此摆长 l 由两部分构成，一部分是摆线的长度 l'，另外一部分是小球的半径 r。因此，在测量摆长时，首先用钢卷尺测量摆线的长度 l'，然后用螺旋测微器或游标卡尺测量摆球的直径 d，在测量相关物理量时，一定要注意各种测量仪器的操作规范和读数规则。在处理数据时，摆长 l 不能用摆线长度 l' 代替，而摆长等于摆线长度 l' 再加上小球的半径，即 $l = l' + \dfrac{d}{2}$。

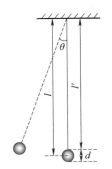

图 1.3-2　摆长测量示意图

3. 实验装置调节

实验开始时，首先要检查单摆实验装置是否水平放置。如果实验装置不水平，须调节实验装置的底座旋钮，使底座水平放置，让摆线沿铅垂线自然下垂。拧开单摆装置上面的固定旋钮，转动转轴检查摆线能否正常拉伸或收缩，检查摆线是否足够长，一般摆线预留长度不小于 150cm，如果摆线过短，须更换较长的摆线。检查计时秒表是否能正常计时及复位。用钢卷尺测量出摆线的长度，注意钢卷尺的最小分度值并进行估读，记录正确的有效数字。利用游标卡尺或螺旋测微器测量摆球的直径，注意测量仪器的规范使用和读数正确。

4. 摆长和摆角的要求

为了减小实验误差，单摆的摆长不宜过短，一般在 50~150cm 范围内进行调节。为了作图方便，在改变摆长时，建议等间隔改变摆长，每次改变 5cm 或者 10cm。

每次实验时，摆角不能过大，须控制在5°以内。摆角可通过实验装置上的量角器测出，但由于仪器长期使用受损，量角器被经常弯折或扭曲，导致读数不准确。由此，可以通过控制摆球的摆幅 s 的大小，达到控制摆角的目的。根据数学知识我们知道，要使摆角小于 $5°$，则摆幅 s 要小于摆长 l 的十二分之一，即 $s<\frac{1}{12}l$，这里的摆幅 s 指的是摆球偏离平衡位置的距离。例如，当摆长 $l=60\text{cm}$，摆幅 $s<5\text{cm}$ 时，摆角就一定小于 $5°$。

单摆在摆动过程中，要求摆球在同一个竖直平面内摆动，不能出现圆锥摆或者摆球在运动过程中打转等情况，因此，释放摆球非常关键。为了避免用手直接接触摆球可能对摆球运动产生的影响，当摆球被拉离平衡位置时，可用直尺挡住小球，调整好摆角后，向下撤走直尺，让摆球自然向下摆动起来，这样可以尽可能减小人为因素对摆球运动产生的影响。实验过程中，如果发现摆球不在同一竖直平面内摆动或者出现打转等情况，应立即终止计时，重新释放摆球，在摆球摆动平稳、均匀后，再开始计时。

5. 单摆周期的测量

在测量单摆周期时，为了减小偶然误差，需要测量多个连续摆动周期的总时间，然后再求出单次摆动的周期。例如，可一次测量摆动 30 个周期的总时间 t_{30}，然后求出单次摆动的周期 $T=\dfrac{t_{30}}{30}$。在测量周期时，不能刚释放摆球后就开始计时，要等摆球摆动平稳、均匀且在同一竖直平面内后才能开始计时。以摆球通过平衡位置为计时的起始位置，当摆球通过平衡位置时开始计时，并在按下秒表的同时从零开始数周期数。为了避免出现周期数错误，在摆球摆动过程中，建议握计时器的手跟着摆球一起同步运动来数周期数。同一摆长下，要求至少重复测量 5 次周期，同时注意检查每次测量的周期值，看有没有出现偏离较大的数值。正常情况下，5 次测量的周期值应该相差不会很大，如果某一次测量值有明显偏离，且偏离值已接近或者超过一个周期值，说明该次测量可能多计或者少计周期数。如果出现这种情况，该次测量值不可靠，须重新再进行一次测量。处理数据时，须对 5 次测量的周期值进行平均，得到某一摆长对应的周期值。

6. 实验误差及处理

单摆实验的误差主要包括系统误差和偶然误差两部分。系统误差主要来源于实验条件是否符合单摆的理论模型，如摆球、摆线是否符合要求，摆角是否小于 $5°$，摆球是否在同一竖直平面内摆动，有没有出现圆锥摆，以及空气的阻力等因素的影响。偶然误差主要来源于周期 T 的测量和摆长 l 的测量两方面。摆长测量包括摆线的测量和摆球直径的测量，测量中要注意测量仪器的最小分度值，正确读出测量的有效数字，注意标注测量量的单位，处理数据时摆线长度和摆球直径的单位要化为统一。测量周期时，为避免减小偶然误差，须至少测量 30 个连续摆动周期的总时间，并且同一摆长至少重复测量 5 次，同时要求从摆球通过平衡位置时开始计时，且握计时器的手和摆球同步运动。

实验数据处理中的标准不确定度包括直接测量和间接测量两个部分。直接测量的不确定度处理主要涉及周期 T 和摆长 l，而间接测量的不确定度主要是重力加速度 g，需要用到不确定度的传递公式。在知道周期和摆长的不确定度 $u_C(t)$ 或者 $u_C(T)$、$u_C(l)$ 时，如何求 g 的不确定度？这里主要用到的传递公式有：$g = 4\pi^2 \dfrac{n^2 l}{t^2}$，$u_C(g) = g\sqrt{\left(\dfrac{u_C(l)}{l}\right)^2 + \left(2\dfrac{u_C(t)}{t}\right)^2}$ 或

者 $g = 4\pi^2 \dfrac{l}{T^2}$，$u_C(g) = g\sqrt{\left(\dfrac{u_C(l)}{l}\right)^2 + \left(2\dfrac{u_C(T)}{T}\right)^2}$。

另外，用作图法处理数据时，在 T^2-l 图中，直线斜率 k 的不确定度传递公式为

$k = \dfrac{T_A^2 - T_B^2}{l_A - l_B}$，$u_C(k) = k\sqrt{\left(\dfrac{2u_C(T^2)}{T_A^2 - T_B^2}\right)^2 + \left(\dfrac{u_C(l)}{l_A - l_B}\right)^2}$，其中 $u_C(T^2) = \dfrac{\Delta_{T^2}}{\sqrt{3}}$，$u_C(l) = \dfrac{\Delta_l}{\sqrt{3}}$，$\Delta_{T^2}$ 和 Δ_l

由 T^2-l 图中 T^2 轴和 l 轴的最小分度值来估算。由斜率的不确定度 $u_C(k)$ 求重力加速度的不确定度 $u_C(g)$ 公式为 $g = \dfrac{4\pi^2}{k}$，$u_C(g) = g\dfrac{u_C(k)}{k}$。

◀◀◀ 【常见问题】

1. 摆长取值过短。实验过程中，经常会看到有的同学摆长过短，只有 10cm 或 20cm，这样误差会很大，建议摆长在 50~150cm 之间取值测量。

2. 摆角过大。在实验原理部分我们已经讲过，单摆的周期公式是在摆角很小（小于 5°）的条件下推导出来的，因此，实验过程中摆角不能过大，不要超过 5°。摆角的大小可以通过量角器或者用摆幅 s 是否小于摆长的十二分之一 $\left(s < \dfrac{l}{12}\right)$ 两种方法来判断。

3. 摆球不在同一竖直平面内摆动。当摆球不在同一竖直平面内摆动、出现圆锥摆时，应立刻停止测量，重新释放摆球，等摆球摆动稳定且均匀后再开始测量。释放摆球时，可用直尺挡住摆球，尽量不用手直接接触摆球。

4. 测量周期时，计时的起始位置不正确。为了便于观察和判断摆球的运动及周期计数，尽可能减少实验误差，通常要求把摆球的平衡位置作为计时的起始位置。

5. 处理数据时，摆长计算错误。经常有同学把摆线的长度视为摆长来计算，这样是不正确的。摆长 l 等于摆线的长度 l' + 摆球的半径 $\left(\text{即 } l = l' + \dfrac{d}{2}\right)$。

6. 周期计数错误。周期计数时，经常有同学多计或者少计周期数，导致周期测量值偏离较大，因此，要求测量过程中，注意检查每次的周期测量值，看是否有异常值，如果出现异常值，应进一步核实，如果是周期计数错误导致的，须重新测量数据。另外，有时也会出现对周期理解错误的情况，如把半个周期记成一个周期。

7. 实验数据记录不规范。一是测量的有效数字记录不正确，没有根据测量仪器的最小分度值估读，二是测量量没有标注单位。同时，在处理数据时，经常出现物理量没有标注单位、只给出一个数值的情况。要求同学们养成规范、严谨的科学态度，正确读出测量量的有效数字，并且所有的物理量及其不确定度都要标注单位。

◀◀**【实验报告范例】**

物理实验报告（范例）

实验代码及名称＿＿＿＿＿＿＿＿＿＿＿实验1.3　单摆的研究＿＿＿＿＿＿＿＿

所在院系＿＿＿＿＿＿＿＿班级＿＿＿＿＿学号＿＿＿＿＿＿姓名＿＿＿＿＿

实验日期＿＿＿＿＿＿＿＿实验时段　周　（　）节　　教学班序号＿＿＿＿

实验指导教师＿＿＿＿＿选课教师＿＿＿＿＿＿＿＿＿同组人＿＿＿＿＿

一、实验目的

1. 掌握用单摆测重力加速度的方法，学会秒表的正确使用方法。

2. 研究单摆的周期与摆长的关系。

3. 用作图法或最小二乘法处理实验数据。

二、实验仪器

单摆装置、秒表、钢卷尺、摆线、摆球、螺旋测微器或游标卡尺等。

三、实验原理

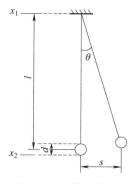

图 1.3-3　单摆装置

用一根弹性很小且可以不计质量的长细线吊起一个小摆锤，使其在重力作用下在铅直平面内摆动，即为一单摆，如图 1.3-3 所示。如果空气阻力不计，摆线质量、摆锤体积可忽略，根据振动理论，单摆周期 T 与摆角 θ 的关系为

$$T=2\pi\sqrt{\frac{l}{g}}\left[1+\left(\frac{1}{2}\right)^2\sin^2\frac{\theta}{2}+\left(\frac{1\times3}{2\times4}\right)^2\sin^4\frac{\theta}{2}+\cdots\right] \qquad (1.3\text{-}4)$$

取二级近似有，

$$T=2\pi\sqrt{\frac{l}{g}}\left(1+\frac{1}{4}\sin^2\frac{\theta}{2}\right) \qquad (1.3\text{-}5)$$

由图 1.3-3 可知，$\sin\theta=\dfrac{s}{l}$；在摆角很小（$\theta<5°$ 或摆幅 $s<\dfrac{l}{12}$）时，

取零级近似得

$$T=2\pi\sqrt{\frac{l}{g}} \qquad (1.3\text{-}6)$$

式中，l 为摆长，g 为重力加速度。用米尺测量摆长 l，用秒表测量摆动周期 T，将 T、l 值代入式（1.3-6）就可求出重力加速度 g。如果测定了多组（l，T）和（θ，T）后，可用作图法处理数据，检验式（1.3-6）和式（1.3-5），可求出 g 值。

四、主要步骤

1. 读出米尺零点读数，记录下米尺的分度值；

2. 将秒表复零，并记录秒表分度值；

3. 用米尺测得 50cm 的摆线进行实验，观察单摆摆动稳定后，使用秒表从平衡位置开始计时，从"0"开始计数，测出单摆连续摆动 30 个周期的时间 t，共测 8 次，将数据记录在表 1.3-1 中；

4. 分别改变摆线长为 60、70、80、90、100、110、120cm，并重复步骤 3；

5. 实验结束后整理实验仪器。

五、实验数据记录

表 1.3-1　各个不同的摆线长 l' 下单摆连续摆动 30 个周期的时间 t

米尺的零点读数：0.00cm　　　　　　　　米尺的分度值：0.10cm

停表的零点读数：0.00s　　　　　　　　　停表的分度值：0.01s

l'/cm	30 个周期的时间 t/s								$\bar{t}$/s
50.00	42.97	42.94	43.03	43.03	42.93	42.93	42.97	42.93	42.966
60.00	46.97	47.03	46.94	46.94	47.00	46.94	47.00	47.04	46.983
70.00	50.69	50.69	50.75	50.78	50.75	50.75	50.72	50.66	50.724
80.00	54.12	54.12	54.19	54.21	54.15	54.18	54.22	54.20	54.174
90.00	57.53	57.53	57.53	57.56	57.53	57.56	57.50	57.50	57.530
100.00	60.50	60.53	60.56	60.53	60.55	60.53	60.50	60.53	60.529
110.00	63.40	63.44	63.37	63.41	63.43	63.44	63.40	63.44	63.416
120.00	66.21	66.19	66.22	66.25	66.22	66.25	66.22	66.18	66.218

注：摆球的直径 $d = 14.225$mm，螺旋测微器的零点读数为 -0.039mm，螺旋测微器的分度值为 0.010mm。

六、实验数据处理

1. 利用计算机中的 Excel 处理表 1.3-1 中的数据，处理结果如表 1.3-1A、表 1.3-1B、表 1.3-1C 所示。

表 1.3-1A　各个不同的摆线长 l' 下单摆连续摆动 30 个周期的时间 t

米尺的零点读数：0.00cm　　　　　　　　米尺的分度值：0.10cm

停表的零点读数：0.00s　　　　　　　　　停表的分度值：0.01s　$\Delta_t = 0.2$s

l'/cm	30 个周期的时间 t/s								$\bar{t}$/s	t 的近真值/s	$u_A(t)$/s	$u_B(t)$/s	$u_C(t)$/s
50.00	42.97	42.94	43.03	43.03	42.93	42.93	42.97	42.93	42.966	42.966	0.01511	0.11547	0.11645
60.00	46.97	47.03	46.94	46.94	47.00	46.94	47.00	47.04	46.983	46.983	0.01449	0.11547	0.11637
70.00	50.69	50.69	50.75	50.78	50.75	50.75	50.72	50.66	50.724	50.724	0.01438	0.11547	0.11636
80.00	54.12	54.12	54.19	54.21	54.15	54.18	54.22	54.20	54.174	54.174	0.01388	0.11547	0.11630
90.00	57.53	57.53	57.53	57.56	57.53	57.56	57.50	57.50	57.530	57.530	0.00802	0.11547	0.11574
100.00	60.50	60.53	60.56	60.53	60.55	60.53	60.50	60.53	60.529	60.529	0.00743	0.11547	0.11570
110.00	63.40	63.44	63.37	63.41	63.43	63.44	63.40	63.44	63.416	63.416	0.00905	0.11547	0.11582
120.00	66.21	66.19	66.22	66.25	66.22	66.25	66.22	66.18	66.218	66.218	0.00881	0.11547	0.11580

在表 1.3-1A 中，平均值 $\bar{x} = \dfrac{1}{n}\sum x_i$，实验标准差 $s = \sqrt{\dfrac{\sum(x_i - \bar{x})^2}{n-1}}$，平均值的实验标准差

$s(\bar{x}) = \sqrt{\dfrac{\sum(x_i - \bar{x})^2}{n(n-1)}}$，标准不确定度的 A 类分量 $u_A(x) = s(\bar{x}) = \sqrt{\dfrac{\sum(x_i - \bar{x})^2}{n(n-1)}}$，标准不确定度

的 B 类分量 $u_B(x) = \dfrac{\Delta}{\sqrt{3}}$，合成标准不确定度 $u_C(x) = \sqrt{u_A^2(x) + u_B^2(x)}$。

表 1.3-1B 各个不同的摆线长 l' 下单摆连续摆动 30 个周期的时间 t 及重力加速度 g

米尺的零点读数：0.00cm；米尺的分度值：0.10cm；程量 1m，$\Delta_{l'} = 0.8$mm；程量 2m，$\Delta_{l'} = 1.2$mm；停表的零点读数：0.00s，停表的分度值：0.01s，操作引入 $\Delta_{t_1} = 0.2$s，数字显示引入 $\Delta_{t_2} = 0.02$s；$\Delta_d = 0.004$mm。

l'/cm	l/cm	$u(l)$/cm	t/s	$u_C(t)$/s	$g/$ $(cm \cdot s^{-2})$	$u(g)/$ $(cm \cdot s^{-2})$	T/s	$u(T)$/s	$g'/$ $(cm \cdot s^{-2})$	$u(g')/$ $(cm \cdot s^{-2})$
50.00	50.713	0.124	42.966	0.11645	976.049	5.3649	1.4322	0.003882	976.042	5.8071
60.00	60.713	0.124	46.983	0.11637	977.243	4.8978	1.5661	0.003879	977.267	5.2389
70.00	70.713	0.124	50.724	0.11636	976.505	4.5254	1.6908	0.003879	976.517	4.7983
80.00	80.713	0.124	54.174	0.11630	977.156	4.2326	1.8058	0.003877	977.167	4.4576
90.00	90.713	0.124	57.530	0.11574	973.830	3.9496	1.9177	0.003858	973.832	4.1398
100.00	100.713	0.124	60.529	0.11570	976.699	3.7607	2.0176	0.003857	976.709	3.9242
110.00	110.713	0.135	63.416	0.11582	978.145	3.6250	2.1139	0.003861	978.139	3.7658
120.00	120.713	0.135	66.218	0.11580	978.147	3.4669	2.2073	0.00386	978.163	3.5912

在表 1.3-1B 中 $l = l' + \dfrac{d}{2}$，$u_C(l) = \sqrt{(u_C(l'))^2 + (u_C(d))^2}$；$T = \dfrac{t}{30}$，$u(T) = \dfrac{u(t)}{30}$；$g = 4\pi^2 \dfrac{n^2 l}{t^2}$，$u_C(g) = g\sqrt{\left(\dfrac{u_C(l)}{l}\right)^2 + \left(2\dfrac{u_C(t)}{t}\right)^2}$；$g' = 4\pi^2 \dfrac{l}{T^2}$，$u_C(g') = g'\sqrt{\left(\dfrac{u_C(l)}{l}\right)^2 + \left(2\dfrac{u_C(T)}{T}\right)^2}$。

表 1.3-1C 各个不同的摆线长 l' 下单摆的周期 T、重力加速度 g 及其与标准值 g_0 的误差

l'/cm	50.00	60.00	70.00	80.00	90.00	100.00	110.00	120.00
l/cm	50.713	60.713	70.713	80.713	90.713	100.713	110.713	120.713
T/s	1.4322	1.5661	1.6908	1.8058	1.9177	2.0176	2.1139	2.2073
T^2/s^2	2.0512	2.4526	2.8588	3.2609	3.6774	4.0708	4.4685	4.8720
$g/(cm \cdot s^{-2})$	976.042	977.267	976.517	977.167	973.832	976.709	978.139	978.163
$\Delta g/(cm \cdot s^{-2})$	2.401	1.176	1.926	1.276	4.611	1.734	0.304	0.280
$\varepsilon_g(\%)$	0.25	0.13	0.20	0.14	0.48	0.18	0.032	0.029

在表 1.3-1C 中 $l = l' + \dfrac{d}{2}$，$T = \dfrac{t}{30}$，$g_0 = g_{\text{蒙自市}} = 9.78443 (\text{m/s}^2)$（$g_0$ 为实验当地重力加速度的公认值，以蒙自市为例），$\Delta g = |g - g_0|$，$\varepsilon_g = \dfrac{\Delta g}{g_0} = \dfrac{|g - g_0|}{g_0} \times 100\%$。

2. 作图法处理数据。

方法一：用坐标纸作图。利用表 1.3-1C 中的数据，以单摆的摆长 l 为横坐标，单摆周

期的平方 T^2 为纵坐标，作 T^2-l 图，如图 1.3-4 所示。图中横坐标的最小分度值为 1cm，则可估计 $\Delta_l=0.5$cm；纵坐标的最小分度值为 0.05s^2，则可估计 $\Delta_{T^2}=0.025$s^2。在图中选取合适的三个点，其坐标分别是 A（109.00，4.40）、B（53.00，2.15）、C（78.00，3.15），根据数学知识即可算出此直线 $y=a+kx$ 的斜率 k 和截距 a。

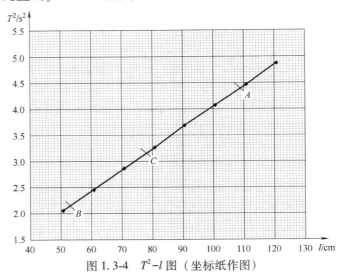

图 1.3-4　T^2-l 图（坐标纸作图）

由图中 A、B 两点的坐标，可以求出直线的斜率：$k=\dfrac{y_A-y_B}{x_A-x_B}=\dfrac{4.40-2.15}{109.00-53.00}$s^2/cm =

0.040179s^2/cm，根据 C 点的坐标可以求出直线的截距：$a=y_C-kx_C=3.15-0.040179\times$

78.00s$^2=0.01604$s^2。

由单摆的周期公式 $T=2\pi\sqrt{\dfrac{l}{g}}$ 可得 $T^2=\dfrac{4\pi^2}{g}l$，所以斜率 $k=\dfrac{4\pi^2}{g}$，由斜率 k 可以求出重力

加速度 g：

$$g=\frac{4\pi^2}{k}=\frac{4\pi^2}{0.040179}\text{cm/s}^2=982.56\text{cm/s}^2$$

由图中估算的 $\Delta_l=0.5$cm 和 $\Delta_{T^2}=0.025$s^2 值，可以求出 $u_C(l)=\dfrac{\Delta_l}{\sqrt{3}}=\dfrac{0.5}{\sqrt{3}}=0.28867$cm，

$u_C(T^2)=\dfrac{\Delta_{T^2}}{\sqrt{3}}=\dfrac{0.025}{\sqrt{3}}=0.01443(\text{s}^2)$，由于 $k=\dfrac{T_A^2-T_B^2}{l_A-l_B}$，则斜率 k 的标准不确定度：

$$u_C(k)=k\sqrt{\left(\frac{2u_C(T^2)}{T_A^2-T_B^2}\right)^2+\left(\frac{u_C(l)}{l_A-l_B}\right)^2}$$

$$=0.040179\times\sqrt{\left(\frac{2\times0.01443}{4.40^2-2.15^2}\right)^2+\left(\frac{0.28867}{109.00-53.00}\right)^2}\text{s}^2/\text{cm}$$

$$=2.126\times10^{-4}\text{s}^2/\text{cm}$$

由于 $g=\dfrac{4\pi^2}{k}$，因此可以由 k 的标准不确定度求出 g 的标准不确定度：

$$u_C(g)=g\,\frac{u_C(k)}{k}=982.563\times\frac{2.126\times10^{-4}}{0.040179}\,\mathrm{cm/s^2}=5.20\,\mathrm{cm/s^2}$$

所以重力加速度 g 的测量结果为

$$g=(982.56\pm5.20)\,\mathrm{cm/s^2}=(9.8256\pm0.0520)\,\mathrm{m/s^2}$$

重力加速度 g 测量结果的相对误差：$\varepsilon_g=\dfrac{|g-g_0|}{g_0}=\dfrac{|9.8256-9.7844|}{9.7844}=0.42\%$

方法二：用计算机软件作图，并进行线性拟合。常用的计算机作图和数据分析的软件很多，本文以 Origin 软件为例，对上述实验数据进行作图和数据分析。利用 Origin 软件作 T^2-l 图，首先以 l 为横坐标，T^2 为纵坐标作散点图，然后选择分析（Analysis）模块中的线性拟合（Linear Fit）对散点图进行线性拟合，从而得到拟合直线和参数方程，拟合参数主要包括相关系数、直线的斜率和截距及标准差等数据。

根据单摆的周期公式有 $T^2=\dfrac{4\pi^2}{g}l$，因此，在 T^2-l 图中，直线的斜率 $k=\dfrac{4\pi^2}{g}$，由直线的斜率 k 就可以求出重力加速度 $g=\dfrac{4\pi^2}{k}$。用 Origin 软件所作的 T^2-l 图及线性拟合的结果如图 1.3-5 所示。

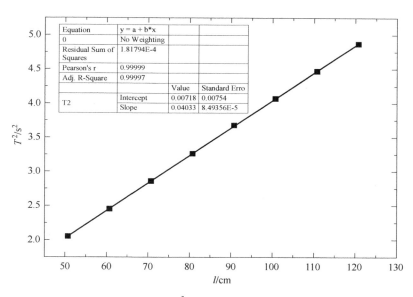

图 1.3-5　T^2-l 图（计算机作图）

图中给出了对实验数据进行线性拟合得到的相关参数，其中相关系数 $r=0.99999$，直线的斜率为 $k=0.04033\,\mathrm{s^2/cm}$，标准不确定度为 $u_C(k)=8.49\times10^{-5}\,\mathrm{s^2/cm}$。

根据 $k=\dfrac{4\pi^2}{g}$，可以求出 $g=\dfrac{4\pi^2}{k}=978.88\,\mathrm{cm/s^2}$，标准不确定度 $u_C(g)=g\,\dfrac{u_C(k)}{k}=2.06\,\mathrm{cm/s^2}$。

因此，重力加速度 g 的测量结果为

$$g = 978.88 \pm 2.06 \, \text{cm/s}^2 = 9.7888 \pm 0.0206 \, \text{m/s}^2$$

重力加速度 g 的相对误差：$\varepsilon_g = \dfrac{|g-g_0|}{g_0} = \dfrac{|9.7888-9.7844|}{9.7844} = 0.045\%$

七、分析与讨论

略。（可以讨论、回答与本实验内容有关的各种问题）

实验 1.4 用拉伸法测定弹性模量

【实验基本要求】

1. 学会米尺、螺旋测微器的正确使用方法。
2. 掌握用光杠杆测量微小长度变化的原理和方法。
3. 训练正确调整测量系统的能力。
4. 用拉伸法测定金属丝的弹性模量。
5. 用作图法或逐差法进行数据处理。

◀◀◀【实验指导】

1. 了解弹性模量测定仪的结构及各部件的作用

如图 1.4-1a 所示，A、B 为金属丝两端的螺钉夹，B 下端挂有砝码托盘，调节仪器底脚螺钉 J 可使平台 C 水平，即金属丝与平台垂直，并且 B 刚好悬在 C 台圆孔中心。注意调节使平台 C 水平，待测金属丝及其固定支架铅直。

光杠杆是测量微小长度变化的装置。如图 1.4-1a 中 G 所示，平面镜固定在丁字架上，在支架的下部装有三个尖足，测量时两前足尖放在固定平台 C 上，后足尖置于 B 上，如图 1.4-2 所示。当砝码托盘上增加砝码时，金属丝被拉长时后足尖将随之下降，平面镜发生偏转。注意调节光杠杆镜片铅直，光杠杆镜片的轴心线水平，光杠杆三个足尖的位置固定不动。

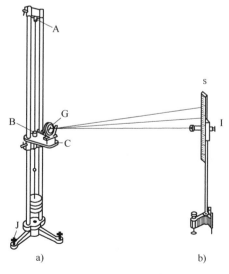

图 1.4-1

图 1.4-2 光杠杆放置图

望远镜及标尺（如图 1.4-1b 所示）可观察并测量平面镜转过的微小角度，进而求金属丝的伸长量。注意调节标尺铅直，望远镜轴心线水平，而且尽量使望远镜轴心线与光杠杆镜片的轴心线在同一高度，望远镜对准光杠杆镜面。

2. 用光杠杆测量微小长度变化的原理和方法

如图 1.4-1 所示，当金属丝未拉长时，光杠杆镜面、标尺和金属丝之间互相平行，与镜面同高的望远镜水平对准镜面，如图 1.4-3 所示。此时，望远镜中的叉丝与标尺上某一刻度线相重合，其读数为 s_0。金属丝被拉长后，光杠杆的后足尖下移一段距离 Δl，平面镜倾斜一个角度 θ，根据光的反射定律，镜面转过 θ，反射线将转过 2θ，所以入射光线经平面镜反射后，从望远镜中看时，叉丝又与标尺上另一刻度线相重合，其读数为 s_i，与 Δl 相对应的标尺读数变化量为：

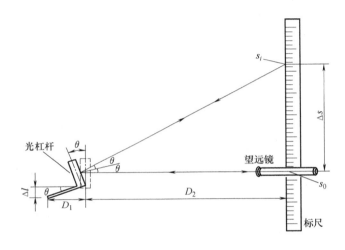

图 1.4-3　光杠杆测微原理

$$\Delta s = |s_i - s_0| \tag{1.4-1}$$

由几何知识可知有：

$$\tan\theta = \frac{\Delta l}{D_1}, \ \tan 2\theta = \frac{\Delta s}{D_2} \tag{1.4-2}$$

式（1.4-2）中 D_1 为后足尖到两前足尖连线的垂直距离，D_2 为光杠杆镜面到标尺尺面的垂直距离。由于 $\Delta l \ll D_1$，$\Delta s \ll D_2$，所以 $\tan\theta \approx \theta$，$\tan 2\theta \approx 2\theta$，将其代入式（1.4-2）有：

$$\theta = \frac{\Delta l}{D_1}, \ 2\theta = \frac{\Delta s}{D_2} \tag{1.4-3}$$

由此可得微小伸长量的测量公式为

$$\Delta l = \frac{D_1 \Delta s}{2D_2} \tag{1.4-4}$$

可见光杠杆的作用在于将微小的长度变化 Δl，放大为标尺上的位移 $y = \Delta s$，其放大倍数为

$$x = \frac{\Delta s}{\Delta l} = \frac{y}{\Delta l} = \frac{2D_2}{D_1} \tag{1.4-5}$$

3. 长度测量工具米尺、游标卡尺、螺旋测微器的使用

由于实验是同时开设，长度测量工具游标卡尺、螺旋测微器的内容在实验 1.1 长度与体积的测量实验指导中已经介绍，这里就不再重复介绍。

◀◀◀ **【常见问题】**

1. 如图 1.4-1a 所示，平台 C 没有调节水平，即待测金属丝没有调节成为铅直状态。

2. 如图 1.4-1a 所示，光杠杆三个足尖的位置放置不对，光杠杆镜片的位置放置不对。

3. 光杠杆镜片左右两端的固定螺钉没有固定，镜片随时都会乱动。镜片不铅直，即镜片轴心线不水平。

4. 如图 1.4-1b 所示，望远镜轴心线不水平；望远镜轴心线与光杠杆镜片轴心线不等高；望远镜轴心线没有正对光杠杆镜片圆心；标尺不铅直；标尺的"0"刻度线的位置不在轴心线附近。

5. 如图 1.4-1 所示，望远镜目镜中的刻线不清晰，标尺的刻度线看不见，却不知道如何调节，乱扭乱动，容易损坏仪器。

6. 如图 1.4-1 所示，望远镜目镜中的刻线不清晰，标尺的刻度线清晰可见，却不知道如何调节，乱扭乱动，容易损坏仪器。

7. 如图 1.4-1 所示，望远镜目镜中的刻线清晰可见，标尺的刻度线看不见，却不知道如何调节，乱扭乱动，容易损坏仪器。

8. 如图 1.4-1 所示，望远镜目镜中的刻线清晰可见，标尺的刻度线也清晰可见，但初始读数不在望远镜轴心线附近，却不知道如何调节，乱扭乱动，容易损坏仪器。

9. 如图 1.4-1 所示，在加或减砝码的过程中出现：碰动光杠杆镜片或足尖位置；转动砝码托，带动待测金属丝下端固定元件转动，导致光杠杆镜片或足尖位置变化。这些情况影响实验测量。

10. 如图 1.4-1 所示，在实验的过程中碰动待测金属丝固定支架或望远镜固定支架，影响实验测量，甚至损坏仪器元件。

11. 在图 1.4-3 中，测量光杠杆镜面到标尺尺面的距离 D_2 的过程中出现钢卷尺的起点不为"0"，钢卷尺没有与光杠杆镜面和标尺尺面垂直等情况影响实验测量，甚至损坏仪器。

12. 在图 1.4-3 中，测量光杠杆后足尖到两前足尖连线的垂直距离 D_1 的过程中出现没有在纸上取三个足尖印，取了足尖印但没有画出垂直距离 D_1 等情况影响实验测量，甚至损坏仪器。

13. 如图 1.4-1 所示，在用钢卷尺测量图中待测金属丝长度 l 的过程中出现：钢卷尺的起点不为 "0"，钢卷尺没有与待测金属丝平行等情况影响实验测量，甚至损坏钢卷尺。

14. 如图 1.4-1a 所示，在用螺旋测微器测量图中待测金属丝直径 d 的过程中出现待测金属丝的测量位置选择得不合适，螺旋测微器的操作不合适，螺旋测微器的操作错误等情况，导致待测金属丝变形或螺旋测微器损坏，影响实验测量或损坏仪器。

15. 在处理实验数据的时候没有注意把所有物理量单位都统一成国际制单位。

◀◀◀ 【实验报告范例】

物理实验报告（范例）

实验代码及名称＿＿＿＿＿＿＿＿＿＿＿＿实验 1.4　用拉伸法测定弹性模量＿＿＿＿＿＿＿＿＿

所在院系＿＿＿＿＿＿＿　班级＿＿＿＿＿＿　学号＿＿＿＿＿＿＿＿＿　姓名＿＿＿＿＿＿

实验日期＿＿＿＿＿＿＿　实验时段＿＿周＿＿（＿＿）节＿＿＿教学班序号＿＿＿＿＿

实验指导教师＿＿＿＿＿＿　选课教师＿＿＿＿＿＿＿＿＿＿＿＿同组人＿＿＿＿＿＿＿

一、实验目的

1. 掌握不同长度测量仪器用具的使用，掌握光杠杆测量微小长度的原理和调节方法。

2. 学会用拉伸法测量金属丝的弹性模量。

3. 用逐差法、作图法处理实验数据。

二、实验仪器

弹性模量测定仪、光杠杆系统、待测金属丝、游标卡尺（$\Delta = 0.02\mathrm{mm}$）、螺旋测微器（$\Delta = 0.004\mathrm{mm}$）、有机直尺（$\Delta = 0.5\mathrm{mm}$）、钢卷尺（$0 \sim 50\mathrm{cm}$，$\Delta = 0.5\mathrm{mm}$；$0 \sim 100\mathrm{cm}$，$\Delta = 0.8\mathrm{mm}$；$0 \sim 200\mathrm{cm}$，$\Delta = 1.2\mathrm{mm}$）、水平尺、气泡水准仪、砝码（$\Delta = 0.020\mathrm{g}$）。

三、实验原理

根据胡克定律，在弹性限度内，长为 l，截面面积为 S，直径为 d 的金属丝，受到拉力 F 作用时，将伸长 Δl，则有

$$\frac{F}{S} = E\frac{\Delta l}{l} \Rightarrow E = \frac{4F}{\pi d^2} \cdot \frac{l}{\Delta l}$$

式中，E 称为弹性模量，其大小由材料的性质而定。Δl 很小，所以利用光杠杆测微方法进行测量。

依据光杠杆测微原理有

$$\Delta l = \frac{D_1}{2D_2} \cdot \Delta s \Rightarrow E = \frac{4F}{\pi d^2} \cdot \frac{2D_2 l}{D_1 \cdot \Delta s} \Rightarrow E = \frac{8D_2 l}{\pi d^2 D_1} \cdot \frac{F}{\Delta s}$$

式中，D_1 为光杠杆短臂长（后足尖到两前足尖连线的距离）；D_2 为光杠杆长臂长（光杠杆镜面到标尺尺面的垂直距离）；Δs 为拉力改变 F 时光杠杆长臂末端的位移。

四、主要步骤

1. 调节弹性模量测定仪支架成铅直状态。

2. 调节光杠杆和望远镜。

粗调。先将光杠杆正确地放置于平台上，并调节镜面使之成铅直状态。再调节望远镜的高度，使其镜筒轴心线与光杠杆镜面中心等高，移动望远镜，使标尺与望远镜几乎对称地位于反射镜的两侧，如图 1.4-4 所示。然后利用望远镜上的瞄准器，使望远镜对准反射镜，调节镜面的铅直状态，以便能通过望远镜的镜筒上方从反射镜中看到标尺像，如图 1.4-5 所示。

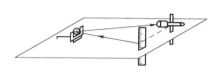
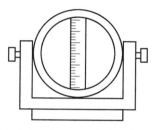

图 1.4-4　标尺与望远镜几乎对称地位于反射镜的两侧　　　图 1.4-5　从反射镜中看到标尺像

细调。从望远镜中观察，旋转目镜直到看清楚叉丝，然后调节镜筒中部的调焦螺旋钮，以改变组合物镜的焦距，直到能清楚地看到标尺刻度线的像。调节镜筒下面的镜筒轴心线调节螺钉，使清晰的标尺像的中点与叉丝中点尽量重合。仔细调节目镜和调焦螺旋钮，使标尺像与叉丝共面（此刻若眼睛略微上下移动，标尺像与叉丝没有相对移动）。通过仔细调节光杠杆镜面的铅直状态，使从望远镜叉丝的水平丝处读出的第一个读数处于标尺上与望远镜镜筒轴心线等高的位置，如图 1.4-6 所示。

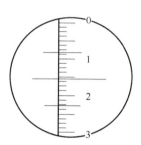

图 1.4-6　从望远镜中
看到标尺像

3. 测量 $F_i \rightarrow s_i$。

先读出在质量约为 1kg 的砝码托将钢丝拉直时，望远镜中标尺像的读数。然后逐次增加 1kg 砝码，记下相应的标尺像的读数，共增加 9 次，再反向操作。重复以上操作两次。

4. 在桌面上放一张白纸将光杠杆的三足尖印在纸上，先用铅笔和直尺画一条直线将两前足尖连起来，再画出后足尖到前足尖连线的垂直距离，用米尺测量光杠杆后足尖到两前足尖连线的垂直距离 D_1。

5. 用钢卷尺测量光杠杆镜面到标尺面的距离 D_2。

6. 用钢卷尺测量被拉伸的金属丝的长度 l。

7. 用螺旋测微器测量金属丝直径 d。注意应测备用部分的金属丝直径，而不要直接测量被拉伸部分的金属丝直径。要多次测量，读出并记录下螺旋测微器的零点读数。

五、实验数据记录

1. 不同砝码 m 对应标尺像的读数 s_i 以及金属丝微小伸长量变化的数据记录和计算（见表 1.4-1）。

表 1.4-1　不同砝码 m 对应标尺像的读数 s_i 以及金属丝微小伸长量变化的数据表

砝码 m/kg	砝码 m 改变时标尺像的读数 s_i（cm）					砝码 m 为 5kg 时标尺像的读数差 y/cm	砝码 m 每改变 1kg 时标尺像的读数差 Y/cm
	m 增加	m 减少	m 增加	m 减少	相同 m 时的平均值		
0	0.90	0.85	0.85	0.89	0.8725	3.0225	—
1	1.49	1.46	1.41	1.47	1.4575		0.5850
2	2.10	2.19	2.10	2.15	2.1350	3.0700	1.2625
3	2.69	2.74	2.70	2.74	2.7175		1.8450
4	3.33	3.40	3.31	3.38	3.3550	2.9475	2.4825
5	3.90	3.95	3.81	3.92	3.8950		3.0225
6	4.44	4.59	4.49	4.59	4.5275	3.0250	3.6550
7	5.10	5.11	5.06	5.06	5.0825		4.2100
8	5.69	5.79	5.70	5.79	5.7425	2.9725	4.8700
9	6.26	6.39	6.30	6.35	6.3275		5.4550
10	6.83	6.83	6.85	6.85	6.8400	平均 3.0075	5.9675

2. 光杠杆 D_1、D_2 和金属丝 d、l 的测量记录和计算（见表 1.4-2）。

表 1.4-2　D_1、D_2 和金属丝 d、l 的测量记录表（螺旋测微器的零点读数 $d_0 = 0.022$mm）

次数	1	2	3	4	5	6	7	8	平均值	仪器允差 $\Delta_{仪}$
d/mm	0.642	0.645	0.647	0.641	0.639	0.641	0.644	0.643	0.64275	0.004
D_1/cm	6.94			测量的估计误差 $\Delta_{估}=0.05$					—	0.05
D_2/cm	169.45			测量的估计误差 $\Delta_{估}=0.5$					—	0.12
l/cm	72.82			测量的估计误差 $\Delta_{估}=0.3$					—	0.08

六、实验数据处理

$$\bar{d} = (0.642+0.645+0.647+0.641+0.639+0.641+0.644+0.643)/8 = 0.64275\text{mm}$$

$$u_A(d) = \sqrt{\frac{\sum_{i=1}^{8}(d_i - \bar{d})^2}{8 \times 7}}$$

$$= \sqrt{\frac{\begin{array}{c}(0.642-0.64275)^2+(0.645-0.64275)^2+(0.647-0.64275)^2+(0.641-0.64275)^2\\+(0.639-0.64275)^2+(0.641-0.64275)^2+(0.644-0.64275)^2+(0.643-0.64275)^2\end{array}}{8\times7}}\text{mm}$$

$$= 0.000901388\text{mm}$$

$$u_B(d) = \frac{0.004\text{mm}}{\sqrt{3}} = 0.0023094\text{mm}$$

$$u_C(d) = \sqrt{u_A^2(d) + u_B^2(d)} = \sqrt{0.000901388^2 + 0.0023094^2}\text{mm} = 0.002479\text{mm}$$

$$u_C(D_1) = \sqrt{u_{B1}^2(D_1) + u_{B2}^2(D_1)} = \sqrt{\left(\frac{\Delta_{\text{估}}(D_1)}{\sqrt{3}}\right)^2 + \left(\frac{\Delta_{\text{仪}}(D_1)}{\sqrt{3}}\right)^2} = \sqrt{\left(\frac{0.05\text{cm}}{\sqrt{3}}\right)^2 + \left(\frac{0.05\text{cm}}{\sqrt{3}}\right)^2}$$

$$= 0.0409\text{cm}$$

$$u_C(D_2) = \sqrt{u_{B1}^2(D_2) + u_{B2}^2(D_2)} = \sqrt{\left(\frac{\Delta_{\text{估}}(D_2)}{\sqrt{3}}\right)^2 + \left(\frac{\Delta_{\text{仪}}(D_2)}{\sqrt{3}}\right)^2} = \sqrt{\left(\frac{0.5\text{cm}}{\sqrt{3}}\right)^2 + \left(\frac{0.12\text{cm}}{\sqrt{3}}\right)^2}$$

$$= 0.2969\text{cm}$$

$$u_C(l) = \sqrt{u_{B1}^2(l) + u_{B2}^2(l)} = \sqrt{\left(\frac{\Delta_{\text{估}}(l)}{\sqrt{3}}\right)^2 + \left(\frac{\Delta_{\text{仪}}(l)}{\sqrt{3}}\right)^2} = \sqrt{\left(\frac{0.3\text{cm}}{\sqrt{3}}\right)^2 + \left(\frac{0.08\text{cm}}{\sqrt{3}}\right)^2}$$

$$= 0.1793\text{cm}$$

$$u_C(m) = u_B(m) = \sqrt{\left(\frac{0.020\text{g}}{\sqrt{3}}\right)^2 + \left(\frac{0.020\text{g}}{\sqrt{3}}\right)^2 + \left(\frac{0.020\text{g}}{\sqrt{3}}\right)^2} = 0.020\text{g}$$

1. 砝码为 5kg 时标尺像的读数差（逐差法处理数据）。

$$\bar{y} = \overline{\Delta s} = (3.0225 + 3.0700 + 2.9475 + 3.0250 + 2.9725)/5\text{cm} = 3.0075\text{cm}$$

$$u_A(y) = \sqrt{\frac{\sum_{i=1}^{5}(y_i - \bar{y})^2}{5 \times 4}}$$

$$= \sqrt{\frac{\begin{array}{c}(3.0225 - 3.0075)^2 + (3.0700 - 3.0075)^2 + (2.9475 - 3.0075)^2 + \\ (3.0250 - 3.0075)^2 + (2.9725 - 3.0075)^2\end{array}}{5 \times 4}}\text{cm}$$

$$= 0.021727455\text{cm}$$

$$u_B(y) = \frac{0.01\text{cm}}{\sqrt{3}} = 0.005773502\text{cm}$$

$$u_C(y) = \sqrt{u_A^2(y) + u_B^2(y)} = \sqrt{0.021727455^2 + 0.005773502^2}\text{cm} = 0.02249\text{cm}$$

$$E = \frac{8D_2 l}{\pi d^2 D_1} \cdot \frac{\Delta F}{\Delta s} = \frac{8D_2 l}{\pi d^2 D_1} \cdot \frac{mg}{\bar{y}}$$

$$= \frac{8 \times 169.45 \times 10^{-2} \times 72.82 \times 10^{-2} \times 5 \times 9.8}{3.14159 \times \left[(0.64275 - 0.022) \times 10^{-3}\right]^2 \times 6.94 \times 10^{-2} \times 3.0075 \times 10^{-2}}\text{N/m}^2$$

$$= 1.914389246 \times 10^{11}\text{N/m}^2$$

$$\frac{u_C(E)}{E} = \sqrt{\left(\frac{u_C(D_2)}{D_2}\right)^2 + \left(\frac{u_C(l)}{l}\right)^2 + \left(\frac{u_C(m)}{m}\right)^2 + \left(\frac{u_C(D_1)}{D_1}\right)^2 + \left(2\frac{u_C(d)}{d}\right)^2 + \left(\frac{u_C(y)}{y}\right)^2}$$

$$= \sqrt{\left(\frac{0.2969}{169.45}\right)^2 + \left(\frac{0.1793}{72.82}\right)^2 + \left(\frac{0.02}{5}\right)^2 + \left(\frac{0.0409}{6.94}\right)^2 + \left(2 \times \frac{0.002479}{0.62075}\right)^2 + \left(\frac{0.02249}{3.0075}\right)^2}$$

$$= \sqrt{0.001752^2 + 0.002462^2 + 0.004^2 + 0.005893^2 + 2 \times 0.003994^2 + 0.007475^2}$$

$$= 0.013399334$$

$$u_{\mathrm{C}}(E) = E \cdot \frac{u_{\mathrm{C}}(E)}{E} = 1.914389246 \times 10^{11} \times 0.013399334 = 0.02565 \times 10^{11} \mathrm{N/m^2}$$

测量结果：$\begin{cases} E = (1.914 \pm 0.026) \times 10^{11} \mathrm{N/m^2} (p = 68.3\%) \\ \dfrac{u_{\mathrm{C}}(E)}{E} = 1.34\% \end{cases}$

2. 砝码每增加 1kg 标尺像的读数差（如图 1.4-7 所示图解法处理数据）。

砝码 m/kg	砝码每改变 1kg 时标尺像的读数差 Y_i/cm
0	—
1	0.5850
2	1.2625
3	1.8450
4	2.4825
5	3.0225
6	3.6550
7	4.2100
8	4.8700
9	5.4550
10	5.9675

从 m-Y 图中取两点 A（1.60，1.00）、B（8.80，5.00）；$\Delta_m = 0.10$kg，$\Delta_Y = 0.10$cm

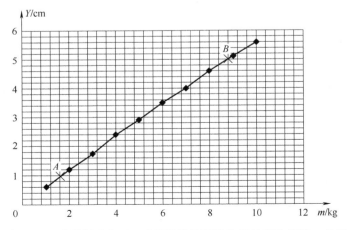

图 1.4-7　砝码每改变 1kg 时标尺像的读数差 Y 的变化情况 m-Y 图

直线的斜率为 $k = \dfrac{Y_B - Y_A}{m_B - m_A} = \dfrac{5.00\text{cm} - 1.00\text{cm}}{8.80\text{kg} - 1.60\text{kg}} = 0.555555555\text{cm/kg}$

$$\dfrac{u(k)}{k} = \sqrt{\left(\dfrac{u(Y_B - Y_A)}{Y_B - Y_A}\right)^2 + \left(\dfrac{u(m_B - m_A)}{m_B - m_A}\right)^2} = \sqrt{\left(\dfrac{u(Y_B) + u(Y_A)}{Y_B - Y_A}\right)^2 + \left(\dfrac{u(m_B) + u(m_A)}{m_B - m_A}\right)^2}$$

$$= \sqrt{\left(\dfrac{2u(Y)}{Y_B - Y_A}\right)^2 + \left(\dfrac{2u(m)}{m_B - m_A}\right)^2} = \sqrt{\left[\dfrac{2 \times (\Delta_y/\sqrt{3})}{Y_B - Y_A}\right]^2 + \left[\dfrac{2 \times (\Delta_m/\sqrt{3})}{m_B - m_A}\right]^2}$$

$$= \sqrt{\left[\dfrac{2 \times (0.10/\sqrt{3})}{5.00 - 1.00}\right]^2 + \left[\dfrac{2 \times (0.10/\sqrt{3})}{8.80 - 1.60}\right]^2} = \sqrt{0.028867513^2 + 0.016037507^2}$$

$$= 0.033023248$$

$$E = \dfrac{8D_2 l}{\pi d^2 D_1} \cdot \dfrac{\Delta F}{\Delta s} = \dfrac{8D_2 l}{\pi d^2 D_1} \cdot \dfrac{mg}{y} = \dfrac{8D_2 l}{\pi d^2 D_1} \cdot \dfrac{g}{k}$$

$$= \dfrac{8 \times 169.45 \times 10^{-2} \times 72.82 \times 10^{-2} \times 9.8}{3.14159 \times [(0.64275 - 0.022) \times 10^{-3}]^2 \times 6.94 \times 10^{-2} \times 0.555555555 \times 10^{-2}}\text{N/m}^2$$

$$= 2.072709239 \times 10^{11}\text{N/m}^2$$

$$\dfrac{u_C(E)}{E} = \sqrt{\left(\dfrac{u_C(D_2)}{D_2}\right)^2 + \left(\dfrac{u_C(l)}{l}\right)^2 + \left(\dfrac{u_C(D_1)}{D_1}\right)^2 + \left(2\dfrac{u_C(d)}{d}\right)^2 + \left(\dfrac{u_C(k)}{k}\right)^2}$$

$$= \sqrt{\left(\dfrac{0.2969}{169.45}\right)^2 + \left(\dfrac{0.1793}{72.82}\right)^2 + \left(\dfrac{0.0409}{6.94}\right)^2 + \left(2 \times \dfrac{0.002479}{0.62075}\right)^2 + 0.033023248^2}$$

$$= \sqrt{0.001752^2 + 0.002462^2 + 0.005893^2 + 2 \times 0.003994^2 + 0.033023248^2}$$

$$= 0.034615097$$

$$u_C(E) = E \cdot \dfrac{u_C(E)}{E} = 2.072709239 \times 10^{11} \times 0.034615097 = 0.071747032 \times 10^{11}\text{N/m}^2$$

测量结果：$\begin{cases} E = (2.073 \pm 0.072) \times 10^{11}\text{N/m}^2 \quad (p = 68.3\%) \\ \dfrac{u_C(E)}{E} = 3.47\% \end{cases}$

七、分析与讨论

略。（可以讨论、回答与本实验内容有关的各种问题）

第 2 章　电学实验指导

实验 2.1　学习使用万用表

◀◀◀【实验基本要求】

1. 了解万用表的基本原理，尤其是欧姆挡的设计原理。
2. 用万用表测量直流电压、直流电流和电阻，了解电表的接入误差。
3. 用万用表检查线路故障的一般方法。

◀◀◀【实验指导】

万用表主要由磁电式表头、转换开关和扩程电阻等组成。不同型号万用表的扩程电阻的阻值不同，但电路结构大同小异。

1. 万用表的结构

（1）直流电流挡和电压挡

万用表的直流电流挡分流电阻都是闭路抽头式。电压挡则是用闭路抽头式的电流表为"等效表头"，再串接分压电阻，如图 2.1-1 所示。

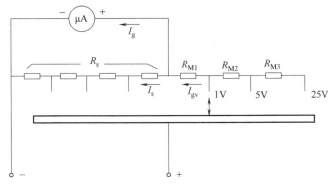

图 2.1-1　万用表直流电流挡、电压挡线路

（2）交流电压挡

万用表的表头是磁电式表头，只适用于测量直流电压。交流信号经过整流后，变成直流才可进行测量。一般万用表交流电压挡测量出的是交流电压的有效值。

图 2.1-2 为半波整流式等效表头，其中 D_1 为串联于表头的二极管，D_2 是为了使 D_1 在电压反向时不被击穿而设置的，其工作过程如下：

当 A 端为高电势（+）时，电流经过线路为 $A \to D_1 \to$ 表头 $\to B$；当 B 端为高电势（+）时，电流经过线路为 $B \to D_2 \to A$，不流经表头。因此每个周期只有半个周期通过表头，故称为半波整流。多量程的交流电压挡是在半波整流（或全波整流）的等效表头上，再加分压电阻而成，其形式与直流电压挡相同。

（3）电阻挡（欧姆挡）的设计

① 欧姆表原理

万用表欧姆挡的原理如图 2.1-3 所示，其中虚线框内部分为欧姆表，a、b 为两接线柱（表笔插孔）。E 是电源（干电池），它与限流电阻 R_0 及微安表头相串联。测量时将待测电阻 R_x 接在 a、b 上。由欧姆定律可知回路中的电流为

$$I = \frac{E}{(r_E + R_0 + r_g) + R_x} \tag{2.1-1}$$

式中，E 为电池电动势；r_E 为电池的内阻；r_g 为表头内阻。

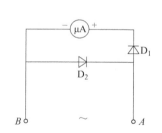

图 2.1-2　半波整流式等效表头

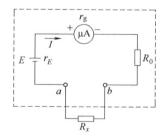

图 2.1-3　万用表欧姆挡的原理图

由式（2.1-1）可以看出，对于给定的欧姆表电路，E、r_g、R_0、r_E 一定时，表头指针偏转大小（即电流表读数）与被测电阻 R_x 的阻值有一一对应的关系（虽然不是线性关系）。

式（2.1-1）可变形为式（2.1-2），如果将电表的读数盘按式（2.1-2）的关系标记刻度，如图 2.1-4 所示，观察上方第一排刻度线，则可直接从表盘上读出被测电阻的阻值 R_x。

$$R_x = \frac{E}{I} - (r_E + R_0 + r_g) \tag{2.1-2}$$

当图 2.1-3 中的 a、b 两端开路，即 $R_x = \infty$ 时，$I = 0$，这时指针在零位；当 a、b 两点用表笔短接，$R_x = 0$，有

$$I = I_{gm} = \frac{E}{r_E + R_0 + r_g} \tag{2.1-3}$$

这时指针在满刻度处。可见当被测电阻阻值由零变化到无穷大时，表头指针则由满刻度变化到零，所以欧姆表的标度和电流挡、电压挡相反。当被测电阻 $R_x = r_E + R_0 + r_g$ 时，有

$$I = \frac{E}{2(r_E + R_0 + r_g)} = \frac{I_{gm}}{2} \tag{2.1-4}$$

即被测电阻等于欧姆表总内阻时，指针在刻度标尺中心位置，此阻值称为中值电阻。

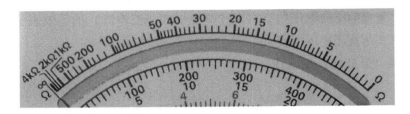

图 2.1-4　万用表欧姆挡刻度

② 调零电路

上述欧姆表的刻度是根据电池的电动势 E 和内阻 r_E 不变的情况设计的，但是实际上，电池在使用过程中内阻会不断增加，电动势也会逐渐减小。这时若将表笔短路，指针就不会满偏指在"0"欧姆处，这一现象称为电阻挡的零点偏移，它会给测量带来一定的系统误差。对此，最简单的克服方法是调节限流电阻 R_0，使指针满偏指向零欧姆处，但这会改变欧姆表的内阻，使其偏离标度尺的中间刻度值，从而引起新的系统误差。

较合理的电路是在表头回路里接入对零点偏移起补偿作用的电位器 R_J，如图 2.1-5 所示。电位器上的滑动触头把 R_J 分成两部分：一部分与表头串联，另一部分与表头并联。当电动势增加或内阻减小，致使电路中的总电流偏大时，可将滑动触头下移，以增加与表头串联的阻值，而减小与表头并联的阻值，使 R_P 分流电流增加，以减少流经表头的电流。当实际的电动势低于标称值，或内阻高于设计标准，致使总电流偏小时，可将滑动触头上移，以增加表头电流。总之，调节电位器 R_J 的滑动触头，可以使表笔短路时流经表头的电流保持满标度电流。

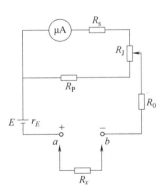

图 2.1-5　欧姆表调零电路

电位器 R_J 称为调零电位器。尽管改变调零电位器 R_J 的滑动触头时，整个表头回路的等效电阻 R_g 随之改变，因而中值电阻 $R_中 = r_E + R_0 + R_g$ 也会有变化。为了减小这个变化对测量结果带来的误差，通常在设计欧姆表时，都是先设计 $R \times 1000\Omega$ 挡，这一挡的中值电阻约为 $25k\Omega$，是一个很大的电阻，R_g 的变化对它的影响可以忽略不计。对于 $R \times 100\Omega$、$R \times 10\Omega$、$R \times 1\Omega$ 各挡，则采用给 $R \times 1000\Omega$ 并联分流电阻的办法来减小误差。

2. 用万用表检查电路

万用表常用来检查电路、发现故障。实验中，遇到线路连接经检查无误但合上开关不能正常工作的情况，就需寻找故障。一般，故障可能为这三种：导线内部断线；开关或接线柱接触不良；电表或元件内部损坏。这些故障有的可以根据发生的现象分析判断，如仪表指针的偏转，指示灯不亮等；有的则不能，这就需要用万用表来检查。常用的方法有两种：

（1）电压表法

首先要正确理解电路原理，了解电路电压的正常分布状况。然后在接通电源的情况下，从电源两端开始沿（或逆）电流通向逐个检查各接点电压分布。出现电压反常之处，就是故障所在。

（2）欧姆表法

将电路逐段拆开，特别要注意将电源和电表断开，而且应使待测部分无其他分路。用欧姆表检查各部分电路的电阻分布、导线和接触点通或不通。

3. 万用表操作规程

万用表有很多种型号，以适应各种不同场合的用途。常见万用表都包含直流电压挡 V，直流毫安挡 mA，欧姆挡 Ω，交流电压挡 V 等基本部分。有的万用表还增添了一些其他功能挡，使用时可参阅其说明书。现以 MF30 型万用表（见图 2.1-6）为例，说明万用表的一般操作规程。

（1）准备

首先要认清万用表的面板和刻度，其次根据待测量的种类（交流或直流、电压、电流或电阻）及大小，将选择开关旋至合适的位置（不知待测量的大小时，应选择最大量程试测），然后接好表笔（万用表的正端应接红色表笔，负端应接黑色表笔）。

图 2.1-6　MF30 型万用表

（2）测量

① 用 mA 挡测电流，必须串联在电路中；用 V 挡测电压，应与待测对象并联。

② 测直流电压和电流时，表笔正负不能接反。

③ 执表笔时，手不能接触任何金属部分。

④ 测试时应采用跃接法，即在用表笔接触测量点的同时，注视电表指针偏转情况，并随时准备在不正常现象（反转或超量程）出现时，立即使表笔离开测量点。

⑤ 使用 Ω 挡时应注意：①每次换挡后都要调节欧姆表零点（即将两表笔短接，同时调节调零旋钮"＿Ω＿"，使指针指到"0"Ω 刻度）；②不得测带电的电阻；③不得测额定电流极小的电阻，如灵敏电流计的内阻。

⑥ 结束。

使用完毕必须将选择开关拨到"交流电压最大量程挡"或"OFF"按钮处，以避免下次使用者不小心而损坏万用表。

◀◀◀【常见问题】

万用表使用过程中存在的常见问题如下：

（1）使用万用表时没有检查指针是否在零位，导致测量结果存在误差，甚至错误。

（2）当测量性质不同，将转换开关调至相应的位置过程中时，尤其在测量电压时，错误地将转换开关置于电流或电阻挡，导致万用表被烧坏。

（3）当测量直流电流或直流电压时，将红表笔和黑表笔的方向接反，导致测量仪器的损坏。

（4）测量电流时，没有将万用表串联在被测电路中；测量电压时，没有将万用表并联在被测电路中，导致万用表损坏。

（5）测量电压、电流时没有选择合适的测量量程，范围选大导致测量不准确，选小导致万用表损坏。

（6）使用万用表时没有注意所选择的量程与标度尺上的读数的倍率关系，导致读数的错误。

（7）测量电阻时，由于电阻挡的标度尺是反刻度方向，并且刻度不均匀，越往左，刻度越密，测量准确度越差，没有使指针偏转在标度尺的中间附近，增加测量误差。

（8）测量电阻过程中，每更换一次倍率挡，没有进行调零，增加测量误差，甚至错误。

（9）测量电阻时，没有将被测电阻至少一端与电路断开，并切断电源，导致测量错误，甚至损坏万用表。

（10）每次测量完毕，没有将转换开关置于交流电压最高挡或空挡，造成万用表损坏。

（11）当万用表长期不用，没有根据老师提示将表内电池取出，造成电池腐蚀从而损坏其他元件。

◀◀◀【实验报告范例】

物理实验报告（范例）

实验代码及名称＿＿＿＿＿＿＿＿＿ 实验2.1 学习使用万用表 ＿＿＿＿＿＿＿＿＿

所在院系＿＿＿＿＿＿＿＿＿ 班级＿＿＿＿＿＿ 学号＿＿＿＿＿＿ 姓名＿＿＿＿＿＿

实验日期＿＿＿＿＿＿＿＿ 实验时段 周 （ ） 节 教学班序号＿＿＿＿＿

实验指导教师＿＿＿＿＿＿＿ 选课教师＿＿＿＿＿＿＿＿＿＿＿＿ 同组人＿＿＿＿＿

一、实验目的

1. 了解万用表的基本原理，尤其是欧姆挡的设计原理。

2. 用万用表测量直流电压、直流电流和电阻，了解电表的接入误差。

3. 用万用表检查线路故障的一般方法。

二、实验仪器

直流电源、万用表、定值电阻等。

三、实验原理

（1）测直流电流

根据图 2.1-7 所示接好电路，选择合适电流量程，测出电路中的电流 I（注明所选量程），并估算不确定度。

（2）测直流电压

选择合适的电压量程，分别测出图 2.1-7 电路中的电压 U_{ab}、U_{bc}、U_{cd}、U_{ad}（注明所选量程），并估算不确定度。

（3）测电阻

断开图 2.1-7 电路中的电源，选择合适的欧姆挡分别测出四个电阻阻值 R_{ab}、R_{bc}、R_{cd} 和总电阻 R_{ad}（注明所选倍率），并估算不确定度。

（4）判断二极管的正、负极

（5）＊查故障

按图 2.1-8 所示连接线路，当接通电压表有示数，电流表无示数时，用电压检查法查故障。

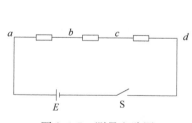

图 2.1-7　测量电路图

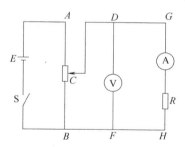

图 2.1-8　检查线路故障图

四、主要步骤

1. 测量直流电流。

（1）将万用表进行调零处理，读出万用表准确度等级，记录在表 2.1-1 中。

（2）根据图 2.1-7 连接好电路，结合定性分析和粗略定量分析，选择合适的万用表电流量程，并将对应的量程和分度值记录在表 2.1-1 中。

（3）根据万用表串联接入电路中测出通过电路的电流，将数据记录在表 2.1-1 中。

2. 测量直流电压。

（1）将万用表进行调零处理，读出万用表准确度等级，记录在表 2.1-2 中。

（2）根据图 2.1-7 连接好电路，结合定性分析和粗略定量分析，选择合适的万用表电压量程，并将对应的量程和分度值记录在表 2.1-1 中。

（3）分别测出图 2.1-7 电路中的电压 U_{ab}、U_{bc}、U_{cd}、U_{ad}（注明所选量程），并将测量数据记录在表 2.1-2 中。

3. 测量电阻。

（1）将万用表进行调零处理，读出万用表准确度等级记录在表 2.1-3 中。

（2）根据图 2.1-7 连接好电路，结合定性分析和粗略定量分析选择合适的万用表电阻测量倍率，并将测出的四个电阻阻值 R_{ab}、R_{bc}、R_{cd} 和总电阻 R_{ad} 数据记录在表 2.1-3 中。

（3）在用万用表测量电阻的过程中，每次转换挡位都需要进行调零处理。

4. 判断二极管的正、负极。

（1）若万用表正反向测得电阻都为零，则二极管已击穿。

（2）若万用表正反向测得电阻无穷大，则二极管短路。

（3）若万用表红色接头接二极管一端，黑色接头接二极管另一端时电阻很小；反向连接时电阻很大，说明二极管是好的。且正向连接过程中的红色接头为二极管负极，黑色接头为二极管正极。

5. ＊查故障。

（1）根据图 2.1-8 连接好电路。

（2）当接通电压表有指示，电流表无指示时，用电压检查法查故障。

五、实验数据记录

表 2.1-1　测直流电流的数据记录表

（单位：mA）

待测量	量程	分度值	读数	测量结果 $\bar{I} \pm u_C(I)$
I	5.0	0.1	2.50	

准确度等级 $a_I =$ ___2.5___

表 2.1-2　测直流电压的数据记录表

（单位：V）

待测量	量程	分度值	读数	测量结果 $\bar{U} \pm u_C(U)$
U_{ab}	1.0	0.02	0.32	
U_{bc}	1.0	0.02	0.14	
U_{cd}	5.0	0.1	2.70	
U_{ad}	5.0	0.1	3.18	

准确度等级 $a_U =$ ___2.5___

表 2.1-3 测电阻的数据记录表

（单位：Ω）

待测量	倍率	读数	测量结果 $\overline{R} \pm u_C(R)$
R_{ab}	×10	45.0	
R_{bc}	×1	5.4	
R_{cd}	×100	200.6	
R_{ad}	×100	206.8	

准确度等级 $a_R = $ 2.5

六、实验数据处理

1. 测直流电流，利用计算机中的 Excel 处理表 2.1-1 中的数据处理如表 2.1-4 所示。

表 2.1-4 测直流电流的数据记录表

（单位：mA）

待测量	量程	分度值	读数	测量结果 $\overline{I} \pm u_C(I)$
I	5.0	0.1	2.50	2.50±0.07

准确度等级 $a_I = $ 2.5

在表 2.1-4 中，仪器误差 $\Delta_{仪}$ = 量程×准确度等级% = 5×2.5%mA = 0.125mA，在该实验测量过程中仅考虑仪器自身的 B 类不确定度，有 $u_C(x) = u_B(x) = \dfrac{\Delta_{仪}}{\sqrt{3}} = \dfrac{0.125}{\sqrt{3}} 0.07$mA。所以，万用表测直流电流的测量结果为：$I = (2.50 \pm 0.07)$mA。

2. 测量直流电压，利用计算机中的 Excel 处理表 2.1-2 中的数据，处理结果如表 2.1-5 所示。

表 2.1-5 测直流电压的数据记录表

（单位：V）

待测量	量程	分度值	读数	测量结果 $\overline{U} \pm u_C(U)$
U_{ab}	1.0	0.02	0.32	0.32±0.01
U_{bc}	1.0	0.02	0.14	0.14±0.01
U_{cd}	5.0	0.1	2.70	2.70±0.07
U_{ad}	5.0	0.1	3.18	3.18±0.07

准确度等级 $a_U = $ 2.5

在表 2.1-5 中，$\Delta_{仪}$ = 量程×准确度等级%，实验数据处理过程中仅考虑由于仪器产生的 B 类不确定度。

（1）对于 ab 两端测量的电压不确定度的计算：

$$\Delta_{仪} = 1.0 \times 2.5\% \text{V} = 0.025\text{V}$$

$$u_C(x) = u_B(x) = \frac{\Delta_{仪}}{\sqrt{3}} = \frac{0.025}{\sqrt{3}}\text{V} = 0.01\text{V}$$

ab 两端电压的测量结果为 $U_{ab}=(0.32\pm0.01)\text{V}$。

（2）对于 bc 两端测量的电压不确定度的计算：

$$\Delta_仪=1.0\times2.5\%\text{V}=0.025\text{V}$$

$$u_C(x)=u_B(x)=\frac{\Delta_仪}{\sqrt{3}}=\frac{0.025}{\sqrt{3}}\text{V}=0.01\text{V}$$

bc 两端电压的测量结果为 $U_{bc}=(0.14\pm0.01)\text{V}$。

（3）对于 cd 两端测量的电压不确定度的计算：

$$\Delta_仪=5.0\times2.5\%\text{V}=0.125\text{V}$$

$$u_C(x)=u_B(x)=\frac{\Delta_仪}{\sqrt{3}}=\frac{0.125}{\sqrt{3}}\text{V}=0.07\text{V}$$

cd 两端电压的测量结果为 $U_{cd}=(2.70\pm0.07)\text{V}$。

（4）对于 ad 两端测量的电压不确定度的计算：

$$\Delta_仪=5.0\times2.5\%\text{V}=0.125\text{V}$$

$$u_C(x)=u_B(x)=\frac{\Delta_仪}{\sqrt{3}}=\frac{0.125}{\sqrt{3}}\text{V}=0.07\text{V}$$

ad 两端电压的测量结果为 $U_{ad}=(3.18\pm0.07)\text{V}$。

3. 测量电阻，利用计算机中的 Excel 处理表 2.1-3 中的数据，处理结果如表 2.1-6 所示。

表 2.1-6 测电阻的数据记录表

（单位：Ω）

待测量	倍率	读数	测量结果 $\overline{R}\pm u_C(R)$
R_{ab}	×10	45.0	450.0±6.5
R_{bc}	×1	5.4	5.40±0.01
R_{cd}	×100	200.6	20060.0±289.6
R_{ad}	×100	206.8	20680.0±289.5

准确度等级 $a_R=$ ___2.5___

在表 2.1-6 中，$\Delta_仪=$ 示数×准确度等级%，实验数据处理过程中仅考虑由于仪器产生的 B 类不确定度。

（1）对于 ab 两端测量的电阻不确定度的计算：

$$\Delta_仪=450.0\times2.5\%\,\Omega=11.3\,\Omega$$

$$u_C(x)=u_B(x)=\frac{\Delta_仪}{\sqrt{3}}=\frac{11.3}{\sqrt{3}}\Omega=6.5\,\Omega$$

ab 两端电阻的测量结果为 $R_{ab}=(450.0\pm6.5)\,\Omega$。

（2）对于 bc 两端测量的电阻不确定度的计算：

$$\Delta_仪=5.4\times2.5\%\,\Omega=0.14\,\Omega$$

$$u_C(x) = u_B(x) = \frac{\Delta_{仪}}{\sqrt{3}} = \frac{0.14}{\sqrt{3}}\Omega = 0.08\Omega$$

bc 两端电阻的测量结果为 $R_{bc} = (5.4 \pm 0.08)\Omega$。

（3）对于 cd 两端测量的电阻不确定度的计算：

$$\Delta_{仪} = 20060.0 \times 2.5\%\Omega = 501.5\Omega$$

$$u_C(x) = u_B(x) = \frac{\Delta_{仪}}{\sqrt{3}} = \frac{501.5}{\sqrt{3}}\Omega = 289.55\Omega$$

cd 两端电阻的测量结果为 $R_{cd} = (20060.0 \pm 289.55)\Omega$。

（4）对于 ad 两端测量的电阻不确定度的计算：

$$\Delta_{仪} = 20680.0 \times 2.5\%\Omega = 517.0\Omega$$

$$u_C(x) = u_B(x) = \frac{\Delta_{仪}}{\sqrt{3}} = \frac{517.0}{\sqrt{3}}\Omega = 298.5\Omega$$

ad 两端电阻的测量结果为 $R_{ad} = (20680.0 \pm 298.5)\Omega$。

七、分析与讨论

略。（可以讨论、回答与本实验内容有关的各种问题）

实验 2.2　示波器的使用

◄◄◄【实验基本要求】

1. 会使用函数（信号）发生器输出不同波形的电信号。
2. 会使用示波器观察电信号的波形。
3. 会通过示波器显示的波形测量电信号的电压、周期和频率。
4. 会用李萨如图形测量电信号的频率。

◄◄◄【实验指导】

1. 函数（信号）发生器的使用

函数发生器能产生电压随时间变化的电信号，在仪器显示屏上以时间为横坐标，电压为纵坐标，便可显示出电信号的变化波形，通常有正弦波、方波、三角波和脉冲波等波形。本实验中使用的是 UTG6005B 函数发生器，如图 2.2-1 所示。

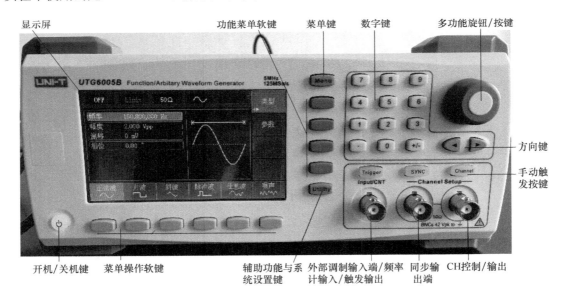

图 2.2-1　UTG6005B 函数发生器

（1）开机　打开机身背部的电源开关，按压"开机/关机键"（变绿），按压"手动触发按键"（变绿）。

（2）选择输出信号类型　在函数发生器显示屏下方有一排灰色按键（菜单操作软键），分别对应屏幕底部的波形类型，按压相应位置的按键可输出不同类型的电信号。

（3）调节信号参数　在函数发生器显示屏右方有一列灰色按键（功能菜单软键），分别对应屏幕右部的选项，按压相应位置的按键可进行功能切换。调节参数时先按压"参数"使其高亮，在屏幕底部会出现"频率、幅度、偏移、相位"等参数，再按压下方的相应按键使其高亮，便可进行参数调节。以调节信号频率为例，如图 2.2-2 所示，此时频率被选中，数据为 100.000000Hz，如欲改为 50Hz，方法①：按压数字键盘"5"和"0"，数字即变为"50"，但没有单位"Hz"，此时需在屏幕出现的单位中进行选择（图中未显示）；方法②：调节"多功能旋钮/按键"。

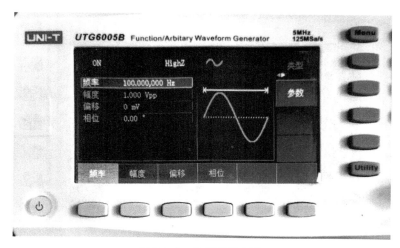

图 2.2-2　信号参数调节

2. 示波器的使用

顾名思义，示波器——显示波形（电压随时间变化）的仪器，横坐标为时间，纵坐标为电压。本实验中使用的是 UTD2025CL 数字示波器，如图 2.2-3 所示。

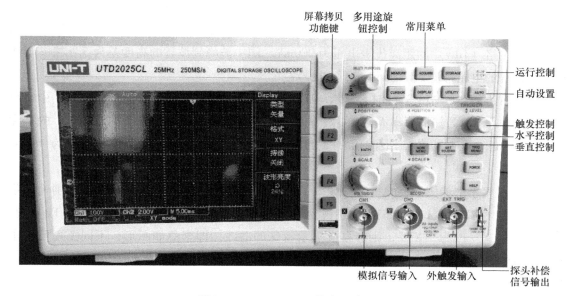

图 2.2-3　UTD2025CL 数字示波器

（1）关机状态下用同轴电缆连接信号发生器的"CH 控制/输出端"和示波器的"模拟信号输入"端（左边为端口 1 或 X，右边为端口 2 或 Y）。

（2）开、关机 按压示波器顶部左侧的按键。

（3）自动设置 按压面板右上角的"AUTO"键，示波器将自动寻找信号并以恰当的比例显示出波形，如图 2.2-4 所示。

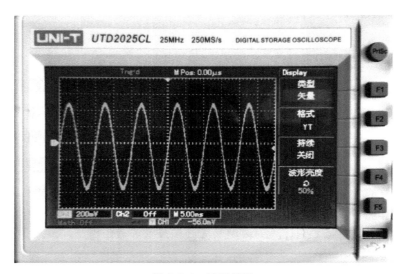

图 2.2-4 波形显示

（4）波形调整 ①图像位置：旋转"垂直控制"（"水平控制"）旋钮可将图像整体上下（左右）平移至网格线上，便于测量；②图像大小：旋转左（右）边的"SCALE"键，则图像会变高、变低（变宽、变窄），让波峰或波谷与网格线重合，便于测量。

旋转左边的"SCALE"键时，显示屏底部左侧有一个参数会随之变化，图 2.2-4 中显示为"200mV"，其相当于地图中的比例尺，称为偏转灵敏度 K_Y（单位：V/div）。K_Y 表示纵坐标方向 1 格（1div）的距离代表电压为 200mV，图中波峰到波谷的高度差为 5.5 格，则测得该电信号的电压峰值为 1100mV，即 1.100V。

旋转右边的"SCALE"键时，显示屏底部中央有一个参数会随之变化，图 2.2-4 中显示为"5.00ms"，称为扫描速率 K_X（单位：ms/div）。K_X 表示横坐标方向 1 格（1div）的宽度代表 5.00ms，图中相邻 2 个波峰的宽度为 2.0 格，则测得该电信号的周期为 10ms，即 0.010s。

（5）观察李萨如图形，测量信号频率 将两台函数发生器产生的正弦信号分别输入示波器的 CH1 和 CH2 端口，它们可分别视为 X 和 Y 信号，按压图 2.2-4 中右方的"F2"键，将显示"格式"改为"XY"，则屏幕会显示特殊的曲线，即李萨如图形，不同图形反映了两个信号的频率和相位关系。如屏幕右侧没有出现图示文字，则需按压右上角的"Display"按键。

改变其中一个信号的频率，观察李萨如图形的变化。当图形不变时，假想用一个正立的矩形包围李萨如图形并相切，令横边和竖边与图形的切点数分别为 n_X 和 n_Y，X 和 Y 信号的频率分别为 f_X 和 f_Y，则有 $\dfrac{f_Y}{f_X} = \dfrac{n_X}{n_Y}$，若已知 X 信号的频率 f_X，则可以计算出 Y 信号的频率 f_Y，进而计算出周期。

◀◀【常见问题】

1. 函数发生器的"手动触发按键"须变绿才能输出信号。

2. 由示波器显示波形测量电压和周期时须减小比例尺，在显示完整波形的情况下，图像越大，测量越准确。测得的电压为峰-峰值，通常记为 U_{p-p}。

3. 观察李萨如图形时，选择"函数发生器"输出波形为正弦波，将电缆线连接以后，先按压示波器上的"AUTO"键，屏幕上显示出两个正弦图像，然后再将显示"格式"改为"XY"。固定其中一个信号的频率，改变另一个信号的频率便能得到不同的李萨如图形。

4. 记录测量数据或计算时不能漏掉单位。

5. 通常情况下，示波器显示图像是动态的，如果影响测量，可以按压示波器右上角的"RUN STOP"键，该键变为红色，则图像静止，类似于一张相片。

◀◀【实验报告范例】

物理实验报告（范例）

实验代码及名称_____实验 2.2　示波器的使用_____

所在院系_____班级_____学号_____姓名_____

实验日期_____实验时段　　周　　（　　）节　　教学班序号_____

实验指导教师_____选课教师_____同组人_____

一、实验目的

1. 了解示波器的结构和工作原理。

2. 初步掌握示波器和信号发生器各个旋钮/按键的作用和使用方法。

3. 利用示波器观察电信号的波形，测量电压、周期和频率。

二、实验仪器

示波器、信号发生器。

三、实验原理

1. 测量信号的电压和周期。

示波器可以将电压随时间变化的关系根据比例尺（SCALE）在屏幕上用图像显示出来，因此可以通过测量屏幕图像的距离来测量信号的电压和周期。

用示波器测量信号的电压，一般是测量其峰-峰值 U_{p-p}，即信号的波峰到波谷之间的电压差值。在选择适当的通道垂直偏转灵敏度 K_Y（单位：V/div）和扫描速率 K_X（单位：ms/div）后，只要从屏幕上测量出峰-峰值对应的垂直距离 B（单位：div）和一个周期对应的水平距离 A（单位：div），即可求出信号的电压 U 和周期 T。

$$U_{p-p} = B \times K_Y, \quad T = A \times K_X$$

正弦信号的有效值 U 和峰-峰值 U_{p-p} 的关系为 $U = \dfrac{1}{2\sqrt{2}} U_{p-p}$。

2. 观察李萨如图形，测信号频率。

当两个互相垂直的简谐振动叠加时，合振动的轨迹通常为一个椭圆。此过程可在示波器中实现：将两台函数发生器产生的正弦信号分别输入示波器的 CH1 和 CH2 端口，则屏幕会显示李萨如图形，不同图形可以反映出两个信号的频率和相位关系。

改变其中一个信号的频率，观察李萨如图形的变化。当图形不变时，假想用一个正立的矩形包围李萨如图形并相切，令横边和竖边与图形的切点数分别为 n_X 和 n_Y，X 和 Y 信号的频率分别为 f_X 和 f_Y，则有 $\dfrac{f_Y}{f_X} = \dfrac{n_X}{n_Y}$。若已知 X 信号的频率 f_X，则可以测量 Y 信号的频率 f_Y，进而计算出周期。

四、主要步骤

1. 熟悉示波器和信号发生器上各个旋钮/按键的作用。

2. 用示波器观察信号发生器的波形。

调节信号发生器，使输出波形为正弦波、斜波、方波，然后用示波器观察并记录波形。

3. 用示波器测量正弦波的电压。

将信号发生器的正弦波输出幅度分别调到 1V、5V、10V，然后用示波器测量正弦波的峰-峰值。

4. 用示波器测量正弦波的周期。

将信号发生器的正弦波频率分别调到 50Hz、200Hz、1000Hz，并使示波器显示 1 或 2 个周期的正弦波，用示波器测量正弦波的周期，然后换算出频率。

5. 用李萨如图形测量频率。

将一信号发生器的输出端接到示波器 Y 轴输入端上，调节信号发生器，使输出电压的频率为 100Hz，将其作为标准信号频率 f_Y。再将另一信号发生器输出端接到示波器 X 轴输入端上，将其作为待测信号频率 f_X，用示波器显示李萨如图形（见《大学物理实验》第 68 页图 2.2-4），并求出待测信号频率 f_X。

五、实验数据记录

表 2.2-1　波形观察记录表

信号类型	正弦波	斜波	方波
波形图			

表 2.2-2　正弦信号电压测量数据记录表

信号发生器读数	示波器测量值		
电压 U/V	偏转灵敏度 $K_Y/V \cdot div^{-1}$	波峰与波谷的距离 B/div	电压的峰-峰值 $U_{p\text{-}p}=B \times K_Y/V$

表 2.2-3　正弦信号周期与频率测量数据记录表

信号发生器读数	示波器测量值		
频率 f/Hz	扫描速率 $K_X/\mu s \cdot div^{-1}$	1 个周期在 X 轴上的距离 A/div	周期 $T=A \times K_X/s$	频率 $f=\dfrac{1}{T}/Hz$

表 2.2-4　用李萨如图形测量正弦信号频率数据记录表

李萨如图形	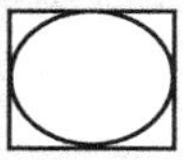	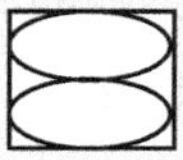	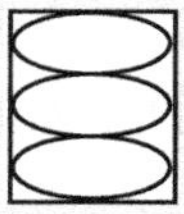
n_X			
n_Y			
（示波器测得）计算值 f_X/Hz			

标准信号频率 $f_Y=100Hz$

六、分析与讨论

略。（可以讨论、回答与本实验内容有关的各种问题）

实验 2.3　电表的改装

◀◀◀【实验基本要求】

1. 学会测量微安表（表头）内阻的方法。
2. 掌握将微安表改装成大量程电流表的方法。
3. 掌握将微安表改装成大量程电压表的方法。
4. 掌握校准电流表、电压表的方法，确定电表的等级。

◀◀◀【实验指导】

微安表仅能测量较小的电流，但如果和一个适当的分流电阻并联，就可以将微安表改装成一个所需量程的电流表；如果和一个适当的分压电阻串联，就可以将微安表改装成一个所需量程的电压表。将一给定的微安表改装成所需量程的电流表或电压表，须知道它的两个参数：

（1）微安表的内阻 r_g（包括线圈的直流电阻、引线电阻和接触电阻的总和），测量微安表内阻的方法有：替代法、半偏法、伏安法、电桥法等，本实验将采用替代法测量微安表内阻。

（2）微安表满偏刻度电流值 I_{gm}（一般可由微安表表盘上直接读出），或相应的微安表最大电压降 $U_{gm}=I_{gm}r_g$。

1. 替代法测量微安表内阻

如图 2.3-1 所示，取一只与待测微安表 ⑭ 量程相近的微安表 ⑭s 作为比较微安表，将两者通过换向开关 S_2 串联起来。因为微安表 ⑭ 允许通过的电流很小，所以要用滑动变阻器 R_0 控制电流。接通 S_1 后，先将 S_2 拨向微安表 ⑭，调节变阻器 R_0，使微安表 ⑭ 的指针偏转至某一示值，记下比较微安表 ⑭s 的读数。断开 S_1，调节电阻 R_1 阻值至较大，再将 S_2 拨向 R_1，保持滑动变阻器 R_0 位置不变。接通 S_1 后，调节 R_1 使比较微安表 ⑭s 的读数达到刚记下的数值，这时待测微安表内阻为 $r_g=R_1$。

2. 将微安表改装成大量程电流表

将微安表扩大量程的方法是在微安表（表头）两端并联电阻 R_P，如图 2.3-2 所示，如要求改装后的电流表量程为 I，微安表量程为 I_{gm}，则通过电阻 R_P 的最大电流为 $I-I_{gm}$，根据欧姆定律有：$I_{gm}r_g=(I-I_{gm})R_P$，可得：

$$R_P=\frac{I_{gm}}{I-I_{gm}}r_g \tag{2.3-1}$$

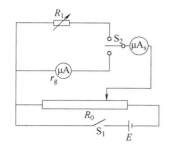

图 2.3-1　替代法测量微安表内阻

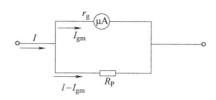

图 2.3-2　扩大电流表量程电路

微安表的量程 I_{gm} 可由微安表仪表盘读出，r_g 可依据替代法原理测出，根据所需要的电流表量程 I，由式（2.3-1）可算出应并联的电阻 R_P 的值。

3. 将微安表改装成大量程电压表

将微安表改装成电压表的方法是在微安表上串联一个电阻 R_F，以此分担待测电压的电势降落，如图 2.3-3 所示，如要求改装后的电压表量程为 U，微安表允许分到最大的电压为 U_{gm}（$U_{gm}=I_{gm}r_g$），则电阻 R_F 分到的电压为 $U-U_{gm}$，根据欧姆定律有 $U=I_{gm}$（r_g+R_F）$=U_{gm}+I_{gm}R_F$，可得：

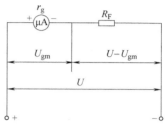

图 2.3-3　扩大电压表量程电路

$$R_F=\frac{U-U_{gm}}{I_{gm}}=\frac{U}{I_{gm}}-r_g \qquad (2.3-2)$$

微安表的量程 I_{gm} 可由微安表仪表盘读出，r_g 可依据替代法测出，根据所需要的电压表量程 U，由式（2.3-2）可算出应串联的电阻 R_F 的值。

4. 改装表的校准与定级

改装后的电流表和电压表需要进行校准，校准电路图分别如图 2.3-4、图 2.3-5 所示。

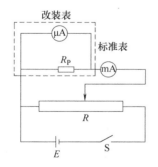

图 2.3-4　校准电流表电路图

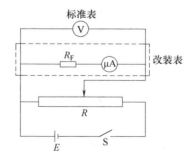

图 2.3-5　校准电压表电路图

在待校准电流表（或电压表）量程范围内，均匀取 10 ~ 15 个值校准电流表（或电压表）。由待校准的改装表直接读出 I 值（或 U 值），用标准表测定它的准确值 I_P（或 U_P），算出 $|I_P-I|_{max}$（或 $|U_P-U|_{max}$），根据关系式计算出：

$$\delta = \frac{|I_{\mathrm{P}} - I|_{\max}}{I_{\mathrm{n}}} \times 100 \left(或 \ \delta = \frac{|U_{\mathrm{P}} - U|_{\max}}{U_{\mathrm{n}}} \times 100 \right) \qquad (2.3\text{-}3)$$

式中，I_{n}（或 U_{n}）为待校电流表（或电压表）量程的值，电表的级别 $a \geqslant \delta$。根据算出的 δ 值，取 0.1、0.2、0.5、1.0、1.5、2.5、5.0 这 7 个数值中大于且最接近或等于 δ 的一个数就是该电表的级别 a。例如，若算出 δ 为 1.1，该电流表（或电压表）定级 a 为 1.5 级。以 I（或 U）为横坐标，$I_{\mathrm{P}} - I$（或 $U_{\mathrm{P}} - U$）为纵坐标，可作出误差校准曲线图。

◀◀ 【常见问题】

1. 计算改装表的扩程电阻（分流电阻 R_{P} 和分压电阻 R_{F}）时不注意单位换算。

$1\mathrm{A} = 10^3\mathrm{mA} = 10^6\mu\mathrm{A}$，在计算分流电阻 R_{P} 和分压电阻 R_{F} 时应注意单位的换算。例如若实验室提供的微安表量程 $I_{\mathrm{gm}} = 200\mu\mathrm{A}$，需要将该微安表改装为量程 $I = 60\mathrm{mA}$ 的电流表，所测的微安表内阻为 700Ω，依据公式（2.3-1）可求得分流电阻大小为

$$R_{\mathrm{P}} = \frac{I_{\mathrm{gm}}}{I - I_{\mathrm{gm}}} r_{\mathrm{g}} = \frac{0.2\mathrm{mA}}{(60 - 0.2)\mathrm{mA}} \cdot 700\Omega \approx 2.34\Omega$$

同理若实验室提供的微安表量程 $I_{\mathrm{gm}} = 200\mu\mathrm{A}$，需要将该微安表改装为量程 $U = 2\mathrm{V}$ 的电压表，所测的微安表内阻为 700Ω，依据式（2.3-2）可求得分流电阻大小为 $R_{\mathrm{F}} = \frac{U}{I_{\mathrm{gm}}} - r_{\mathrm{g}} = \frac{2\mathrm{V}}{2 \times 10^{-4}\mathrm{A}} - 700\Omega = 9300\Omega$。

2. 连接电路时，不清楚应该选用多大量程的标准表。

对于多量程的指针式仪表，测量时应选择比最大测量值稍大的挡位，以保证测量结果有更多有效数字。例如，若将微安表改装为量程为 2V 的电压表，实验室提供的标准表有 1.5V、3V、7.5V 量程时，应该选取 3V 的量程。

3. 闭合开关前，不清楚滑动变阻器调节至多大。

为避免损坏表头，将微安表改装成大量程电流表实验中，在闭合开关前，滑动变阻器应调节至电阻最大处，使电路中电流最小；而将微安表改装成大量程电压表实验中，滑动变阻器起分压作用，在闭合开关前，滑动变阻器应调节至电阻最小处，使得分压最小。

4. 连接好电路后，不清楚电源电压要调至多大。

实验室提供的电源电压通常为 0～36V 可调直流稳压电源，为避免损坏表头，在打开电源开关前，应使直流稳压电源电压输出为最小，打开电源后再逐渐加大电源电压，输出的电压应稍大于所需要的电压值，使电表能够达到满偏。

5. 微安表指针超过量程或发生反偏时，应该及时断开电路。

连接好电路后，闭合电路中的开关，应该先观察电路中微安表指针是否正常偏转，若出现指针反偏，或指针偏转已超出微安表量程的情况，应该及时断开电路中的开关，找出问题，及时调整电路。若指针出现反偏，应该检查电表的正负极是否接反；若指针偏转超出量

程，应调节滑动变阻器，使通过微安表的电流减小，同时判断电源电压是否过大。

6. 在对改装表进行校准与定级时，改装表读数易出错。

经常有同学对扩大量程后的改装表进行读数时仍按微安表的原有刻度示数记录，应该依据改装表的量程以及刻度格数计算出改装表的最小分度值，通过指针偏转格数读出改装表对应的电流值（电压值）。例如实验室提供的量程为 $200\mu A$ 微安表一共有 40 个小格（div），若将其改装为 60mA 电流表，则改装后的电流表分度值（每一小格的电流）为 $\dfrac{60\text{mA}}{40\text{div}}=$ 1.5mA/div，若改装表指针偏转一小格，对应值为 1.50mA，若需要将改装的电流表调至 6.00mA，应调节滑动变阻器，使微安表指针偏转 4 小格。同理实验室提供的量程为 $200\mu A$ 微安表一共有 40 个小格（div），若将其改装为 2V 电压表，则改装后的电压表分度值（每一小格的电压）为 $\dfrac{2\text{V}}{40\text{div}}=0.05\text{V/div}$，改装表指针偏转一小格，对应值为 0.05V，若需要将改装的电压表调至 0.200V，应调节滑动变阻器，使微安表指针偏转 4 小格。

7. 记录标准表的电流值、电压值时，读数的有效数字出错。

实验室采用的电流表、电压表都为刻度式仪表，其读数一般读到最小分度值的 $\dfrac{1}{10}$、$\dfrac{1}{5}$ 或 $\dfrac{1}{2}$，由人眼分辨能力决定。例如，标准电流表选取 75mA 时，最小分度值为 0.5mA，若读到最小分度值的 $\dfrac{1}{10}$，即 0.05mA，记录电流值时应该有两位小数，且最后一位数应为 0 或 5。

8. 处理数据时，校准曲线图应该采用折线连接。

校准曲线是依据实际测量值在坐标纸上描点的，由于各误差点之间没有一个确定的关系，误差曲线是将两相邻的误差点用直线连接起来，因此总的曲线是由许多折线组成的。

◀◀【实验报告范例】

物理实验报告（范例）

实验代码及名称＿＿＿＿＿＿＿＿＿＿＿＿＿实验 2.3　电表的改装＿＿＿＿＿＿＿＿＿＿＿

所在院系＿＿＿＿＿＿＿＿＿　班级＿＿＿＿＿＿　学号＿＿＿＿＿＿＿＿＿　姓名＿＿＿＿＿＿

实验日期＿＿＿＿＿＿＿＿　实验时段　周　（　）节＿＿＿＿＿教学班序号＿＿＿＿＿＿

实验指导教师＿＿＿＿＿＿　选课教师＿＿＿＿＿＿＿＿＿＿＿＿　同组人＿＿＿＿＿＿

一、实验目的

1. 掌握扩大电表量程的方法。

2. 掌握校准电流表、电压表的方法，确定电表的等级。

二、实验仪器

直流电源、表头（微安表）、电阻箱 、标准电流表 、标准电压表、滑动变阻器等。

三、实验原理

1. 将微安表改装成大量程电流表。

如图 2.3-6 所示，如要求改装后的电流表量程为 I，微安表量程为 I_{gm}，r_g 依据替代法原理测出，则有 $R_P = \dfrac{I_{gm}}{I - I_{gm}} r_g$。

2. 将微安表改装成大量程电压表。

如图 2.3-7 所示，如要求改装后的电压表量程为 U，微安表量程为 I_{gm}，r_g 依据替代法原理测出，则有 $R_F = \dfrac{U - U_{gm}}{I_{gm}} = \dfrac{U}{I_{gm}} - r_g$。

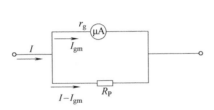

图 2.3-6 扩大电流表量程电路

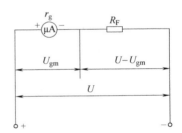

图 2.3-7 扩大电压表量程电路

3. 改装表的校准与定级。

改装后的电流表和电压表需要进行校准，校准电路图分别如图 2.3-8、图 2.3-9 所示。

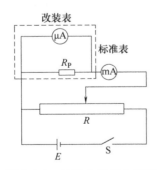

图 2.3-8 校准电流表电路图

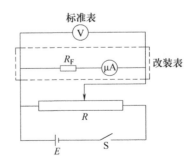

图 2.3-9 校准电压表电路图

四、主要步骤

1. 用替代法测量出微安表内阻。

2. 将 200μA 的微安表扩程为 60mA 的电流表，计算出改装表的分流电阻 R_P，并按图 2.3-8 连接电路，移动滑动变阻器，使得改装后的电流表 I 值分别为 0、6.00、12.00、

18.00、24.00、30.00、36.00、42.00、48.00、54.00、60.00mA，读出对应的标准电流表读数 I_P，记录在表 2.3-1 中。

3. 将 200A 的微安表扩程为 2V 的电压表，计算出改装表的分压电阻 R_F，并按图 2.3-9 连接电路，移动滑动变阻器，使得改装后的电压表 U 值分别为 0、0.200、0.400、0.600、0.800、1.000、1.200、1.400、1.600、1.800、2.000V，读出对应的标准电压表读数 U_P，记录在表 2.3-2 中。

4. 实验结束后整理实验仪器。

5. 对数据进行处理：用坐标纸，以 I（或 U）为横坐标，$I_P - I$（或 $U_P - U$）为纵坐标，作误差校准曲线图，并依据 $\delta = \dfrac{|I_P - I|_{max}}{I_n} \times 100 \left(或\ \delta = \dfrac{|U_P - U|_{max}}{U_n} \times 100 \right)$ 对改装的电流表及电压表进行定级。

五、实验数据记录

表 2.3-1　校准电流表数据记录表

待校准电流表量程、分度值：60mA、1.5mA　　标准电流表选用的量程、分度值：75mA、0.5mA　（单位：mA）

I	0	6.00	12.00	18.00	24.00	30.00	36.00	42.00	48.00	54.00	60.00
I_P	0	6.20	12.50	18.55	24.50	31.00	36.80	43.00	48.85	54.50	61.00

表 2.3-2　校准电压表数据记录表

待校准电压表量程、分度值：2V、0.05V　　标准电压表选用的量程、分度值：3V、0.02V　　（单位：V）

U	0	0.200	0.400	0.600	0.800	1.000	1.200	1.400	1.600	1.800	2.000
U_P	0	0.220	0.460	0.640	0.880	1.020	1.240	1.460	1.620	1.880	2.040

六、实验数据处理

1. 改装电流表的校准曲线及定级

以 I 为横坐标，$I_P - I$ 为纵坐标，可得误差校准曲线图：

由表 2.3-3 和图 2.3-10 可看出，$|I_P - I|_{max} = 1mA$，待校准的改装电流表量程 $I_n = 60mA$，可得：$\delta = \dfrac{|I_P - I|_{max}}{I_n} \times 100 = \dfrac{1mA}{60mA} \times 100 \approx 1.67$，电表的级别 $a \geq \delta$，因此该改装电流表的级别为 2.5 级。

表 2.3-3　校准电流表数据处理表

（单位：mA）

I	0	6.00	12.00	18.00	24.00	30.00	36.00	42.00	48.00	54.00	60.00
I_P	0	6.20	12.50	18.55	24.50	31.00	36.80	43.00	48.85	54.50	61.00
$I_P - I$	0	0.20	0.50	0.55	0.50	1.00	0.80	1.00	0.85	0.50	1.00

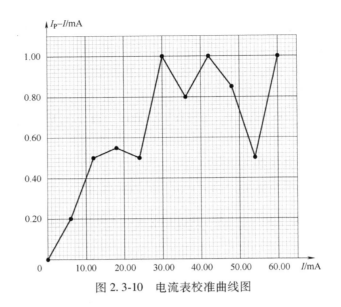

图 2.3-10　电流表校准曲线图

2. 改装电压表的校准曲线及定级

以 U 为横坐标，U_P-U 为纵坐标，可得误差校准曲线图：

由表 2.3-4 和图 2.3-11 可看出 $|U_P-U|_{\max}=0.08\mathrm{V}$，待校准的改装电压表量程 $U_n=2\mathrm{V}$，可

得：$\delta=\dfrac{|U_P-U|_{\max}}{U_n}\times100=\dfrac{0.08\mathrm{V}}{2\mathrm{V}}\times100=4$，电表的级别 $a\geqslant\delta$，因此该改装电压表的级别为 5 级。

表 2.3-4　校准电压表数据处理表

（单位：V）

U	0	0.200	0.400	0.600	0.800	1.000	1.200	1.400	1.600	1.800	2.000
U_P	0	0.220	0.460	0.640	0.880	1.020	1.240	1.460	1.620	1.880	2.040
U_P-U	0	0.020	0.060	0.040	0.080	0.020	0.040	0.060	0.020	0.080	0.040

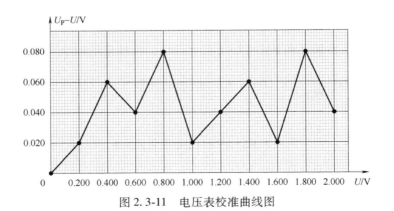

图 2.3-11　电压表校准曲线图

七、分析与讨论

略。（可以讨论、回答与本实验内容有关的各种问题）

实验 2.4　用惠斯通电桥测电阻

【实验基本要求】

1. 掌握惠斯通电桥测电阻的原理，学会用惠斯通电桥测中等阻值（$1\sim10^5\,\Omega$）电阻的方法。
2. 了解电桥的灵敏度和测量精度之间的配合原则。
3. 分析和消除直流电桥测量中系统误差的方法。
4. 掌握箱式电桥的原理，正确使用箱式电桥测电阻。

【实验指导】

1. 检流计

在使用检流计测量电流前，先要了解它的结构和使用方法。使用过程中注意保护仪器，防止检流计被损坏。指针式检流计（如图 2.4-1）实际上就是一个磁电系表头，主要用于检测小电流，零点在刻度盘的中央。

（1）电流常数　指针偏转一小格代表的电流值。一般指针式检流计的电流常数为 $10^{-5}\sim10^{-6}\,\text{A/div}$。

（2）内阻　指针式检流计内阻约为 $100\,\Omega$。操作方法：接"G0"和"−"极，或者"G1"和"−"极。

图 2.4-1　检流计

2. 直流电源

直流电源的作用是把 220V 的交流电降压、整流，再经稳压，获得稳定的直流输出电压（如图 2.4-2）。直流电源有一定的最大允许输出电流和电压，超出负荷时，不但不能起到稳压的作用，而且极易损坏仪器，使用时必须避免超负荷。

电源的操作方法：

（1）接上电源［AC（220±22）V］。

（2）连接负载到输出端 2、4 或者 7、9，注意红色表示"+"极，黑色表示"−"极，黄色表示接地。

（3）稳压调节：先将电压调节旋钮调至 0，即逆时针到底；将电流调节旋钮调至最大，即顺时针到底；再开电源开关 1，顺时针调节电压旋钮到所需的电压值。

3. 电阻器

电阻器是用来改变电路的电流，使用时应注意其阻值的大小、额定功率及允许通过的电流$\left(I=\sqrt{\dfrac{P}{R}}\right)$。

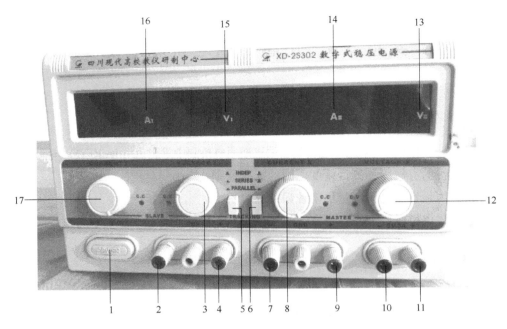

图 2.4-2　XD—2S302 数字式稳压电源

1—电源开关　2、4—Ⅰ路输出端　3—Ⅰ路电压调节旋钮　5、6—串、并联开关（INDEP：独立的；

SERIES：串联的；PARALLEL：并联的）　7、9—Ⅱ路输出端　8—Ⅱ路电流调节旋钮

10、11—Ⅲ路输出端　12—Ⅱ路电压调节旋钮　13—Ⅱ路电压指示　14—Ⅱ路电流指示

15—Ⅰ路电压指示　16—Ⅰ路电流指示　17—Ⅰ路电流调节旋钮

（1）滑动变阻器

滑动变阻器结构如图 2.4-3 所示。外涂绝缘层的电阻丝（如镍铬丝）绕在瓷筒上，两端固定于接线柱 A 和 B，A、B 之间的电阻即为电阻器的总电阻。瓷筒上方的滑动接头 C 可在粗铜棒上沿瓷筒轴向平移，且始终和表面刮掉绝缘层的电阻丝相接触。铜棒的一端（或两端）装有接线柱 C'，用来接续 C，以便连线。改变滑线变阻器接头的位置就可以改变 A、C 间和 B、C 间的电阻 R_{AC}、R_{BC}。

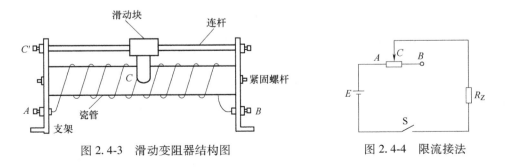

图 2.4-3　滑动变阻器结构图　　　　　图 2.4-4　限流接法

用作限流器：如图 2.4-4 所示，为了控制负载 R_Z 的电流，将滑动变阻器的 AC 部分串联

到电路中，BC 部分不用。当滑动接头 C 向 A 端移动时，R_{AC} 减小；当 C 向 B 端移动时 R_{AC} 增大，从而改变电路中的总电阻，使负载中的电流得到控制。

（2）旋转式电阻箱

电阻箱是由若干个阻值准确的固定电阻元件按照一定的组合方式接在特殊的变换开关上构成。图 2.4-5 所示为 ZX21 型旋转式电阻箱的面板图，其中有用于连接导线的 4 个接线柱 A、B、C 和 D，以及改变阻值的 6 个旋钮。当所需电阻 $R \leqslant 0.9\Omega$ 时，用 A、B 接线柱；当所需电阻 $1\Omega \leqslant R \leqslant 9.9\Omega$ 时，用 A、C 接线柱；当所需电阻 $10\Omega \leqslant R \leqslant 99999.9\Omega$ 时，用 A、D 接线柱。6 个旋钮的边缘上都标有数字 0、1、2、…、9，每个旋钮边缘的面板上分别有×0.1、×1、×10、×100、×1000、×10000，称其为倍率。当旋钮上的数字旋到适当的位置（△的顶角）时，用倍率乘上旋钮的数字，即为其所对应的电阻值。如图 2.4-5 所示的电阻箱，面板上每个旋钮所对应的电阻分别为 6×100、6×10、2×1、6×0.1，则总电阻为

$$R = 6\times100 + 6\times10 + 2\times1 + 6\times0.1\Omega = 662.6\Omega$$

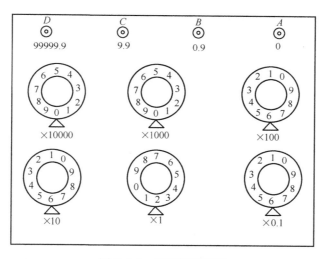

图 2.4-5   电阻箱面板图

使用时还需注意以下两个参数：

（1）电阻箱的准确度等级   如果为 0.1 级，表示该电阻箱在实际使用时阻值的相对误差不大于面板示值的 0.1%。如图 2.4-5 所示电阻箱为 0.1 级，则阻值 662.6Ω 的误差应估计为 $662.6\times0.1\%\Omega \approx 0.7\Omega$。

（2）电阻箱的功率   若图 2.4-5 所示电阻箱的额定功率为 $P = 0.25W$，则由 $I = \sqrt{\dfrac{P}{R}}$ 得各挡最大允许通过的电流如下表 2.4-1 所示。

表 2.4-1   ZX21 电阻箱各挡最大允许通过的电流

旋钮倍率	×0.1	×1	×10	×100	×1000	×10000
允许负载电流/A	1.58	0.5	0.158	0.05	0.0158	0.005

4. 定值电阻

实验室常用定值电阻实物如图 2.4-6 所示。电阻上印有不同颜色的色环,它们代表着电阻的大小和误差。色环与数值的对应关系如表 2.4-2 所示。

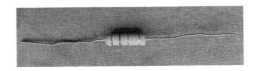

图 2.4-6　定值电阻实物图

表 2.4-2　电阻的色环与数值的关系

颜色	黑	棕	红	橙	黄	绿	蓝	紫	灰	白
数值	0	1	2	3	4	5	6	7	8	9

根据色环可以判断电阻阻值。如图 2.4-7 所示,右边第一条色环代表误差线,金色代表允许偏差为 5%。左边 3 条色环代表电阻示值。设左边第一条色环数值为 a,第二条色环数值为 b,第三条色环数值为 c,则电阻的标称值可以得出:$R=(a\times10+b\times1)\times10^{c}\,\Omega$。

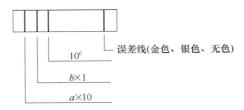

图 2.4-7　电阻的色环示意图

5. 箱式电桥

实验室常用的箱式电桥把 3 个电阻箱 R_2、R_3、R_4 以及检流计和电池都装在一只箱子里,便于携带和使用。面板左上方有倍率值的调整盘,它的下方是内附检流计。若用内附检流计时,需将 "G" 和 "外接" 两接线柱用连接片短接。若用灵敏度更高的检流计时,可以从 "G" 和 "外接" 两接线柱接入,并将 "G" 和 "内接" 两接线柱用连接片短接,使内附检流计短路(见图 2.4-8)。

电桥内附电源电压 4.5V,如需增加电源电压来提高电桥灵敏度,可将外接电源从 E "+、-" 两接线柱间串联接入。不用外接电源时,应将这两个接线柱短接。

面板的下方有待测电阻 R_x 的两个接线柱、检流计及电源的按钮 "S_G" 和 "S_E"。

操作方法:

(1)先把检流计 "G" 和 "外接" 短路,将检流计指针调到零点。读出待测电阻 R_x 的阻值,根据电阻箱背部说明书提示,适当选择倍率(也可以把 R_x 的值代入公式 $R_x=\dfrac{R_2}{R_3}R_4$ 算出倍率),使比较臂能有 4 位读数。

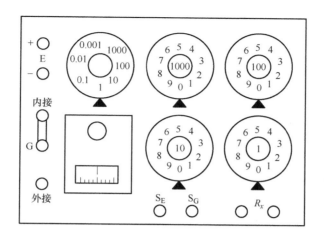

图 2.4-8　箱式电桥

（2）测量时，应先按 S_E，后按 S_G。

（3）测量结束后，先断开 S_G，后断 S_E。

（4）使用完毕后应将"G"和"内接"短路。

◀◀ 【常见问题】

1. 使用检流计常见问题（见图 2.4-9）

（1）接线柱没有接"G0"和"−"极，即 R_G 越小，检流计的电流灵敏度 S_1 越高。

（2）电路中的电流过大，超出检流计量程。

（3）检流计没有按照线路图接入 b、d 两端。

（4）检流计本身有故障，不能正常偏转。

（5）若改变 R_4 的值，检流计指针不偏转，说明检流计灵敏度不够高。

2. 使用电源常见问题

（1）电源箱面板上 5、6 串、并连开关没有设置成 INDEP，即独立使用。

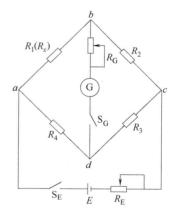

图 2.4-9　惠斯通电桥测电阻原理图

（2）没有连接负载到输出端 2、4 或者 7、9，而连接到红色和黄色接线柱。

（3）没有根据接线柱颜色区分电源"＋""−"极，把红色接线柱接到负载的"−"极。

（4）在闭合开关前，没有先将电压调节旋钮调至 0，没有将电流调节旋钮调至最大。

（5）电源电压值太小，导致电流过小。

3. 使用滑动变阻器常见问题（见图 2.4-3）

（1）滑动变阻器起限流作用时，将固定端 A 和 B 接入电路。

（2）滑动变阻器起限流作用时，将固定端 A、B、C 接入电路。

4. 使用旋转式电阻箱常见问题（见图 2.4-5）

（1）当所需电阻 $10\Omega \leqslant R \leqslant 99999.9\Omega$ 时，没有用 A、D 接线柱。

（2）旋钮边缘没有对准数字，导致读出的电阻值与实际阻值不一致。

（3）倍率乘上旋钮的数字为其所对应的电阻值，实验中没有把每个旋钮的阻值正确相加。

（4）电路中的电流超过最大允许通过的电流。

（5）使用完毕后没有复位，即 △ 顶角没有对准数字 0。

5. 使用定值电阻常见问题

（1）从左至右色环所对应的十位、个位弄错。

（2）没看清误差线的颜色，导致最大引用误差没算对。

6. 测量待测电阻时常见问题

（1）实验原理不清楚，导致不知道用正确的公式。

（2）电流的流向不清楚，导致接线混乱，短路、断路、反向接入等情况发生，开关接线不对，出现常开或者常闭。

（3）$\dfrac{R_2}{R_3}$ 选取不合适，导致 R_4 有效位数不足。

（4）比例臂 R_2 和 R_3 取得过小，导致电流过大。

（5）为了消除比例臂两只电阻不相等所造成的系统误差，需要换臂测量，即交换 R_2、R_3 的位置，容易出现接线错误。

（6）检流计不偏转，或者始终偏向一边。

（7）正式测量时 R_E 没有取最小值。

（8）粗测时，没有将滑动变阻器阻值调至最大，使桥臂电流减小，降低电桥灵敏度；细测时，没有将滑动变阻器阻值调至最小，使桥臂电流增大，提高电桥灵敏度。

7. 使用箱式电桥常见问题（见图 2.4-8）

（1）不用外接电源时，"＋、－"这两个接线柱没有短接。

（2）没有将检流计 "G" 和 "外接" 短路。

（3）正式测量前没有检查检流计的零点，导致测量不准确。

（4）没有选择倍率，倍率旋钮指零位。

（5）没有根据电阻箱背部说明书选择适当选择倍率，使比较臂能有 4 位读数。

（6）没有把 R_x 的值代入公式 $R_x = \dfrac{R_2}{R_3} R_4$ 算出倍率，使比较臂未有 4 位读数。

（7）S_E、S_G 没有快按快放，或者断开 S_E，S_G 时，指针没有静止于零位。

（8）使用完毕后没有将 "G" 和 "内接" 短路。

◀◀【实验报告范例】

物理实验报告（范例）

实验代码及名称 _____ 实验2.4　用惠斯通电桥测电阻 _____

所在院系 _____ 班级 _____ 学号 _____ 姓名 _____

实验日期 _____ 实验时段　周　　第（　　）节　教学班序号 _____

实验指导教师 _____ 选课教师 _____ 同组人 _____

一、实验目的

1. 掌握惠斯通电桥测电阻的原理。

2. 学会用惠斯通电桥测电阻的方法。

3. 了解提高电桥灵敏度的几种途径。

4. 练习标准不确定度的 B 类评定方法和测量结果表示。

二、实验仪器

直流电源（ XD-2S302 数字式稳压电源），滑动变阻器（BX7-11），电阻箱 3 个（ZX21型），检流计（XK32-206 9103，2.5 级），待测电阻 2 个，开关 2 个，箱式电桥（QJ23，0.2 级）。

三、实验原理

惠斯通电桥的原理如图 2.4-9 所示。图中 *ab*、*bc*、*cd* 和 *da* 四条支路分别由电阻$R_1（R_x）$、R_2、R_3 和 R_4 组成，称为电桥的四条桥臂。通常，桥臂 *ab* 接待测电阻 R_x，其余各臂电阻都是可调节的标准电阻。在 *bd* 两对角间连接检流计、开关和限流电阻 R_G。在 *ac* 两对角间连接电源、开关和限流电阻 R_E。当接通开关 S_E 和 S_G 后，各支路中均有电流流通。检流计支路起到沟通 *abc* 和 *adc* 两条支路的作用，可直接比较 *bd* 两点的电势，电桥之名由此而来。适当调整各臂的电阻值，可以使流过检流计的电流为零，即 $I_G = 0$。这时，称电桥达到了平衡。平衡时 *b*、*d* 两点的电势相等。根据分压器原理可知

$$U_{bc} = U_{ac}\frac{R_2}{R_1+R_2} \tag{2.4-1}$$

$$U_{dc} = U_{ac}\frac{R_3}{R_3+R_4} \tag{2.4-2}$$

平衡时，$U_{bc} = U_{dc}$，即 $\dfrac{R_2}{R_1+R_2} = \dfrac{R_3}{R_3+R_4}$，

整理化简后得到

$$R_1 = \frac{R_2}{R_3}R_4 = R_x \tag{2.4-3}$$

由式（2.4-3）可知，待测电阻 R_x 等于 $\frac{R_2}{R_3}$ 与 R_4 的乘积。通常称 R_2、R_3 为比例臂，与此相应的 R_4 为比较臂，所以电桥由四臂（测量臂、比较臂和两个比例臂）、检流计和电源三部分组成。与检流计串联的限流电阻 R_G 和开关 S_G 都是为了在调节电桥平衡时保护检流计，不使其在长时间内有较大电流通过。

当电桥平衡时，若使比较臂 R_4 改变一微小量 δR_4，则电桥将偏离平衡，检流计偏转 n 格。由此，常用如下的相对灵敏度 S 表示电桥灵敏度：

$$S = \frac{n}{\frac{\delta R_4}{R_4}} \tag{2.4-4}$$

由式（2.4-4）可知，如果检流计的鉴别率阀（灵敏阀）为 Δn（取 0.2 至 0.5 格），则由电桥灵敏度引入被测量的相对误差为

$$\frac{\Delta R}{R} = \frac{\Delta n}{S} \tag{2.4-5}$$

即电桥的灵敏度越高（S 越大），由灵敏度引入的误差越小。

实验和理论都已证明，电桥的灵敏度与下列因素有关：

（1）与检流计的电流灵敏度 S_1 成正比。但是 S_1 值越大，电桥就越不易稳定，平衡调节比较困难；S_1 值小，测量精确度低，因此选用适当灵敏度的电流计是很重要的。

（2）在不超过各桥臂电阻元件所允许的额定功率的条件下，电桥灵敏度与电源的电动势 E 成正比。

（3）与电源的内阻 $R_内$ 和串联的限流电阻 R_E 有关。增加 R_E 可以降低电桥的灵敏度，这对寻找电桥调节平衡的规律较为有利。随着平衡逐渐趋近，R_E 值应减到最小值。

（4）在其他条件相同的情况下，等臂电桥具有最大的灵敏度。

（5）与检流计的内阻有关。R_G 越小，电桥的灵敏度越高，反之则低。

四、主要步骤

1. 参照图 2.4-9 用 3 个用电阻箱、检流计、电源、2 个滑线变阻器组成惠斯通电桥。

2. 检查检流计的零点，若不指零，须用螺丝刀转动机械调零旋钮。

3. 进行测量时，电源电压取 5V 左右。然后将电阻 R_E 和 R_G 取最大值，待正式测量时需调到最小，R_2 和 R_3 可取 1000Ω。

4. 连接待测电阻 R_x，取 R_4 等于 R_x 的粗测值。合上开关 S_E 和 S_G，观察检流计指针的偏转方向和大小，正确调整 R_4 直至电桥平衡，记录 R_2、R_3 和 R_4 的阻值，计算出 R_x'。

5. 调节电桥平衡后，保持倍率不变。改变比较臂 R_4 的阻值，使检流计指针偏转 $n=5$ 格。记下 R_4 的值 R_4'，再使检流计朝相反方向偏转 5 格记下 R_4''，算出电桥灵敏度 S。

6. 将 R_2 和 R_3 交换后再测（换臂测量），计算出 R_x''。

7. 使用箱式电桥测量标称值相同的 6 个商品电阻的阻值。

五、实验数据记录

表 2.4-3　组装电桥测量电阻的数据记录

$E = \underline{\hspace{2em}}$ V，$R_E = \underline{\hspace{2em}}$ Ω，$R_G = \underline{\hspace{2em}}$ Ω

换臂前	R_2/Ω	R_3/Ω	R_4/Ω	n/div	R_4'/Ω	R_4''/Ω	R_x'/Ω	S/div
R_{x1}	1000	1000	988	5	933	1030	988	
R_{x2}	1000	1000	49.8	5	46.4	53.3	49.8	
换臂后	R_2/Ω	R_3/Ω	R_4/Ω	—	—	—	R_x''/Ω	—
R_{x1}	1000	1000	1004	—	—	—	1004	—
R_{x2}	1000	1000	51	—	—	—	51	—

电阻箱的等级：$a_2 = \underline{0.1}$　$a_3 = \underline{0.1}$　$a_4 = \underline{0.1}$

表 2.4-4　箱式电桥测量电阻的数据记录

（单位：Ω）

商品电阻	1	2	3	4	5	6	7
R_4	5500	5490	5600	5590	5500	5580	5500

$\dfrac{R_2}{R_3} = \underline{100}$　箱式电桥的等级 $a = \underline{0.2}$

六、实验数据处理

1. 计算待测电阻 R_{x1} 阻值。

换臂前：
$$R_{x1}' = \frac{R_2}{R_3} R_4 = \frac{1000}{1000} \times 988\,\Omega = 988\,\Omega$$

换臂后：
$$R_{x1}'' = \frac{R_2}{R_3} R_4 = \frac{1000}{1000} \times 1004\,\Omega = 1004\,\Omega$$

待测电阻阻值：
$$\overline{R}_{x1} = \sqrt{R_{x1}' R_{x1}''} = \sqrt{988 \times 1004}\,\Omega \approx 995.9\,\Omega$$

电阻箱引入的合成不确定度为

$$u_{B1}(R_{x1}) = \overline{R}_{x_1} \sqrt{\left(\frac{u_{B1}(R_2)}{R_2}\right)^2 + \left(\frac{u_{B1}(R_3)}{R_3}\right)^2 + \left(\frac{u_{B1}(R_4)}{R_4}\right)^2} = \overline{R}_{x_1} \sqrt{\left(\frac{a_2\%}{\sqrt{3}}\right)^2 + \left(\frac{a_3\%}{\sqrt{3}}\right)^2 + \left(\frac{a_4\%}{\sqrt{3}}\right)^2}$$

$$= 995.9 \times \sqrt{\left(\frac{0.1\%}{\sqrt{3}}\right)^2 + \left(\frac{0.1\%}{\sqrt{3}}\right)^2 + \left(\frac{0.1\%}{\sqrt{3}}\right)^2}\,\Omega \approx 1\,\Omega$$

电桥灵敏度引入的不确定度为

$$u_{B2}(R_{x1}) = \frac{\Delta n}{S} \cdot \frac{\overline{R}_{x1}}{\sqrt{3}}$$

$$\Delta n = 0.2\text{div}, S = \frac{n}{\dfrac{\delta R_4}{R_4}}, \delta R_4 = \frac{1}{2}|R'_4 - R''_4| = \frac{1}{2}|933 - 1030|\Omega = 48.5\Omega$$

$$S = \frac{5}{\dfrac{48.5}{988}} \approx 101.9\text{div}$$

$$u_{B2}(R_{x1}) = \frac{0.2}{101.9} \times \frac{995.9}{\sqrt{3}}\Omega \approx 1.2\Omega$$

合成标准不确定度为

$$u_C(R_{x1}) = \sqrt{u_{B1}^2(R_{x1}) + u_{B2}^2(R_{x1})} = \sqrt{1^2 + 1.2^2}\Omega \approx 1.6\Omega$$

测量结果：$R_{x1} = \overline{R}_{x1} \pm u_C(R_{x1}) = (996 \pm 2)\Omega$

2. 计算待测电阻 R_{x2} 阻值。

换臂前：$R'_{x2} = \dfrac{R_2}{R_3}R_4 = \dfrac{1000}{1000} \times 49.8\Omega = 49.8\Omega$

换臂后：$R''_{x2} = \dfrac{R_2}{R_3}R_4 = \dfrac{1000}{1000} \times 51\Omega = 51\Omega$

待测电阻阻值：$\overline{R}_{x2} = \sqrt{R'_{x2}R''_{x2}} = \sqrt{49.8 \times 51}\Omega \approx 50.4\Omega$

电阻箱引入的合成不确定度为：

$$u_{B1}(R_{x2}) = \overline{R}_{x2}\sqrt{\left(\frac{u_{B1}(R_2)}{R_2}\right)^2 + \left(\frac{u_{B1}(R_3)}{R_3}\right)^2 + \left(\frac{u_{B1}(R_4)}{R_4}\right)^2} = \overline{R}_{x2}\sqrt{\left(\frac{a_2\%}{\sqrt{3}}\right)^2 + \left(\frac{a_3\%}{\sqrt{3}}\right)^2 + \left(\frac{a_4\%}{\sqrt{3}}\right)^2}$$

$$= 50.4 \times \sqrt{\left(\frac{0.1\%}{\sqrt{3}}\right)^2 + \left(\frac{0.1\%}{\sqrt{3}}\right)^2 + \left(\frac{0.1\%}{\sqrt{3}}\right)^2}\Omega \approx 0.1\Omega$$

电桥灵敏度引入的不确定度为

$$u_{B2}(R_{x2}) = \frac{\Delta n}{S} \cdot \frac{\overline{R}_{x2}}{\sqrt{3}}$$

$$\Delta n = 0.2\text{div}, S = \frac{n}{\dfrac{\delta R_4}{R_4}}, \delta R_4 = \frac{1}{2}|R'_4 - R''_4| = \frac{1}{2}|46.4 - 53.3|\Omega = 3.45\Omega$$

$$S = \frac{5}{\dfrac{3.45}{49.8}} \approx 72.2\text{div}$$

$$u_{B2}(R_{x2}) = \frac{0.2}{72.2} \times \frac{50.4}{\sqrt{3}}\Omega \approx 0.08\Omega$$

合成标准不确定度为

$$u_C(R_{x2}) = \sqrt{u_{B1}^2(R_{x2}) + u_{B2}^2(R_{x2})} = \sqrt{0.1^2 + 0.08^2}\,\Omega \approx 0.1\,\Omega$$

测量结果：$R_{x2} = \overline{R}_{x2} \pm u_C(R_{x2}) = (50.4 \pm 0.1)\,\Omega$

七、分析与讨论

略。(可以讨论、回答与本实验有关的各种问题)

参 考 文 献

[1]　闵琦. 大学物理实验 ［M］. 北京：机械工业出版社，2020.

[2]　杨述武，赵立竹，沈国土，等. 普通物理实验：力学、热学部分 ［M］. 4 版. 北京：高等教育出版社，2007.

[3]　林抒，龚镇雄，等. 普通物理实验 ［M］. 北京：高等教育出版社，1981.

[4]　赵鲁卿，王玉文. 普通物理实验 ［M］. 西安：西北大学出版社，1993.

[5]　朱鹤年. 基础物理实验教程 ［M］. 北京：高等教育出版社，2003.

[6]　李志超，等. 大学物理实验 ［M］. 北京：高等教育出版社，2001.

[7]　李佐威，刘铁成. 普通物理力学热学实验 ［M］. 长春：吉林大学出版社，2000.

[8]　杨述武. 普通物理实验 1 ［M］. 北京：高等教育出版社，2000.